U0169739

第十九届

中国土木工程詹天佑奖

获奖工程集锦

易　军　主编

中　国　土　木　工　程　学　会
北京詹天佑土木工程科学技术发展基金会

中国建筑工业出版社

图书在版编目（CIP）数据

第十九届中国土木工程詹天佑奖获奖工程集锦 / 易军主编；中国土木工程学会，北京詹天佑土木工程科学技术发展基金会组织编写．— 北京：中国建筑工业出版社，2022.9

ISBN 978-7-112-27359-1

Ⅰ．①第… Ⅱ．①易… ②中… ③北… Ⅲ．①土木工程－科技成果－中国－现代 Ⅳ．①TU-12

中国版本图书馆CIP数据核字（2022）第070762号

责任编辑：王砾瑶　范业庶
书籍设计：锋尚设计
责任校对：张　颖

第十九届中国土木工程詹天佑奖获奖工程集锦
易　军　主编
中国土木工程学会
北京詹天佑土木工程科学技术发展基金会
*
中国建筑工业出版社出版、发行（北京海淀三里河路9号）
各地新华书店、建筑书店经销
北京锋尚制版有限公司制版
北京富诚彩色印刷有限公司印刷
*
开本：965毫米×1270毫米　1/16　印张：14¾　字数：565千字
2022年9月第一版　2022年9月第一次印刷
定价：**209.00**元
ISBN 978-7-112-27359-1
（39010）

《第十九届中国土木工程詹天佑奖获奖工程集锦》编委会

主　　编：易　军

副 主 编：戴东昌　王同军　尚春明　聂建国　徐　光

　　　　　孙继昌　李明安

编　　辑：程　莹　薛晶晶　董海军

EXIT ALL TRAFFIC
1.5 km
NEW KELANIYA BRIDGE

CEC
龙洞堡机场隧道

前言

土木工程是一门与人类历史共生并存、集人类智慧之大成的综合性应用学科，它源自人类生存的基本需要，转而渗透到了国计民生的方方面面，在国民经济和社会发展中占有重要的地位。如今，一个国家的土木工程技术水平，已经成为衡量其综合国力的一个重要内容。

“科技创新，与时俱进”，是振兴中华的必由之路，是保证我们国家永远立于世界民族之林的关键之一。同其他科学技术一样，土木工程技术也是一门需要随着时代进步而不断创新的学科，在我们中华民族为之骄傲的悠久历史上，土木建筑曾有过举世瞩目的辉煌！在改革开放的今天，现代化进程为中华大地带来了日新月异的变化，国民经济发展迅猛，基础建设规模空前，我国先后建成了一大批具有国际水平的重大工程项目，这无疑为我国土木工程技术的发展与应用提供了无比广阔的空间，同时，也为工程建设者们施展才能提供了绝妙的机会。

为推动我国土木工程科学技术的繁荣发展，积极倡导土木工程领域科技应用和科技创新的意识，中国土木工程学会与北京詹天佑土木工程科学技术发展基金会专门设立了“中国土木工程詹天佑奖”，以奖励和表彰在科技创新特别是自主创新方面成绩卓著的优秀项目，树立科技领先的样板工程，并力图达到以点带面的目的。自1999年开始，迄今已评奖19届，共计566项工程获此殊荣。

中国土木工程詹天佑奖是经国家批准、住房和城乡建设部认定、科技部首批核准，在建筑、交通、铁道、水利等土木工程领域组织开展，以表彰奖励科技创新与新技术应用成绩显著的土木工程建设项目为宗旨。中国土木工程詹天佑奖评选能够始终坚持“公开、公平、公正”的设奖原则，已经成为我国土木工程建设领域科技创新的最高奖项，为弘扬科技创新精神，激励科技人员的创新创造热情，促进我国土木工程科技水平的提高发挥了积极作用。

为了扩大宣传，促进交流，我们编撰出版了这部《第十九届中国土木工程詹天佑奖获奖工程集锦》大型图集，对第十九届的42项获奖工程作了简要介绍，并配发了具有代表性的图片，以助读者更为直观地领略获奖工程的精华之所在。另外，我们也想借助这本图集的发行，赢得广大工程界的朋友对“中国土木工程詹天佑奖”更进一步的了解、支持和参与，希望通过我们的共同努力，使这一奖项更具创新性、先进性和权威性。

由于编印时间仓促，疏漏之处在所难免，敬请批评指正。

本图集主要是根据第十九届中国土木工程詹天佑奖申报资料中的照片和说明以及部分获奖单位提供的获奖工程照片选编而成。谨此，向为本图集提供资料及图片的获奖单位表示诚挚的谢意。

目录

获奖工程及获奖单位名单

北京新机场工程（航站楼及换乘中心、停车楼）

（推荐单位：北京市建筑业联合会）

北京新机场建设指挥部
北京城建集团有限责任公司
北京市建筑设计研究院有限公司
民航机场规划设计研究总院有限公司
北京建工集团有限责任公司
中国建筑第八工程局有限公司
江苏沪宁钢机股份有限公司
北京建工四建工程建设有限公司
北京华城工程管理咨询有限公司
北京希达工程管理咨询有限公司

中国·红岛国际会议展览中心工程

（推荐单位：青岛市住房和城乡建设局）

青建集团股份公司
青岛国信红岛国际会议展览中心有限公司
中国建筑科学研究院有限公司
上海建科工程咨询有限公司
中青建安建设集团有限公司
青岛建设集团股份有限公司
中冶（上海）钢结构科技有限公司

腾讯北京总部大楼

（推荐单位：北京市建筑业联合会）

中建三局集团有限公司
中建三局第一建设工程有限责任公司
北京市建筑设计研究院有限公司
北京弘高建筑装饰设计工程有限公司
中国二十二冶集团有限公司
中国建筑第二工程局有限公司
北京赛瑞斯国际工程咨询有限公司

大望京2#地超高层建筑群

（推荐单位：北京市建筑业联合会）

中国建筑一局（集团）有限公司
中建一局集团第三建筑有限公司
中国航空规划设计研究总院有限公司
中国建筑技术集团有限公司
北京航投置业有限公司
北京乾景房地产开发有限公司

CEC·咸阳第8.6代薄膜晶体管液晶显示器件（TFT-LCD）项目

（推荐单位：陕西省土木建筑学会）

陕西建工集团有限公司
咸阳彩虹光电科技有限公司
信息产业电子第十一设计研究院科技工程股份有限公司
陕西建工机械施工集团有限公司
陕西建工安装集团有限公司
陕西建工第六建设集团有限公司
陕西建工第十一建设集团有限公司
西安建筑科技大学
中国电子系统工程第二建设有限公司

中国西部国际博览城（一期）项目

（推荐单位：中国土木工程学会总工程师工作委员会）

中国建筑第二工程局有限公司
中国建筑西南设计研究院有限公司
中建二局安装工程有限公司
中建二局装饰工程有限公司
中建二局第一建筑工程有限公司
成都天府新区投资集团有限公司
中建科工集团有限公司
中建深圳装饰有限公司
浙江精工钢结构集团有限公司
湖北龙泰建筑装饰工程有限公司

青连铁路青岛西站站房及相关工程

（推荐单位：中国铁道工程建设协会）

中铁十局集团有限公司
中国铁路设计集团有限公司
北京铁城建设监理有限责任公司
中国铁路济南局集团有限公司青连铁路工程建设指挥部
兰州交通大学

上海浦东国际机场卫星厅及捷运系统工程

（推荐单位：上海市住房和城乡建设管理委员会科学技术委员会）

上海建工集团股份有限公司
上海机场（集团）有限公司
华建集团华东建筑设计研究总院
上海建工二建集团有限公司
上海建工七建集团有限公司
上海市机械施工集团有限公司
上海市安装工程集团有限公司
上海市基础工程集团有限公司
上海隧道工程有限公司
中铁四局集团有限公司

太古供热项目（古交兴能电厂至太原供热主管线及中继能源站工程）

（推荐单位：山西省土木建筑学会）

太原市热力集团有限责任公司
山西省工业设备安装集团有限公司
中国市政工程华北设计研究总院有限公司
中铁十二局集团有限公司
清华大学
中铁六局集团有限公司
山西山安蓝天节能科技股份有限公司
中国能源建设集团山西省电力勘测设计院有限公司
北京华源泰盟节能设备有限公司
唐山兴邦管道工程设备有限公司

青岛新机场航站楼及综合交通中心工程

（推荐单位：山东土木建筑学会）

中国建筑第八工程局有限公司
中建三局集团有限公司
中建八局第四建设有限公司
青岛国际机场集团有限公司
中国建设基础设施有限公司
青建集团股份公司
中国建筑一局（集团）有限公司
中国建筑西南设计研究院有限公司
上海市建设工程监理咨询有限公司
青岛理工大学

上证所金桥技术中心基地项目

（推荐单位：上海市土木工程学会）

中国建筑第八工程局有限公司
华东建筑设计研究院有限公司
上海上证数据服务有限责任公司
上海宝信软件股份有限公司
捷通智慧科技股份有限公司

成都露天音乐公园

（推荐单位：四川省土木建筑学会）

中国五冶集团有限公司
中国建筑西南设计研究院有限公司
西南交通大学
鲁班软件股份有限公司
五冶集团装饰工程有限公司

海峡文化艺术中心

（推荐单位：中国建筑集团有限公司）

中建海峡建设发展有限公司
莆田中建建设发展有限公司
中建海峡（厦门）建设发展有限公司
中国建筑第七工程局有限公司
中国中建设计集团有限公司

柳州市官塘大桥工程

（推荐单位：中国土木工程学会桥梁及结构工程分会）

中铁上海工程局集团有限公司
柳州市城市投资建设发展有限公司
广西柳州市东城投资开发集团有限公司
四川省公路规划勘察设计研究院有限公司
中铁一院集团南方工程咨询监理有限公司

石家庄至济南铁路客运专线济南黄河公铁两用桥

（推荐单位：中国铁道学会）

中铁四局集团有限公司
中国铁路设计集团有限公司
石济铁路客运专线有限公司
中铁十局集团有限公司
中铁电气化局集团有限公司

重庆江津几江长江大桥

（推荐单位：中国铁道建筑集团有限公司）

中铁第四勘察设计院集团有限公司
中国建筑第六工程局有限公司
同济大学
长江水利委员会长江科学院
重庆市江津区滨江新城开发建设集团有限公司

新建北京至沈阳铁路客运专线辽宁段

（推荐单位：中国铁道工程建设协会）

中铁十二局集团有限公司
京沈铁路客运专线辽宁有限责任公司
中国铁道科学研究院集团有限公司
中国铁路设计集团有限公司
中铁电气化局集团有限公司
中国铁路通信信号股份有限公司
中铁五局集团有限公司
中铁十七局集团有限公司
中铁二十二局集团有限公司
中铁十一局集团有限公司

山西中南部铁路通道

（推荐单位：山西省土木建筑学会）

中铁十二局集团有限公司
晋豫鲁铁路通道股份有限公司
中国铁路设计集团有限公司
中铁工程设计咨询集团有限公司
中铁一局集团有限公司
中铁二十一局集团有限公司
中铁七局集团有限公司
中铁二十局集团有限公司
中铁三局集团有限公司
中交第一航务工程局有限公司

兰渝铁路西秦岭隧道工程

（推荐单位：中国土木工程学会隧道及地下工程分会）

中铁隧道局集团有限公司
中铁十八局集团有限公司
中铁二局集团有限公司
中国铁建电气化局集团有限公司
兰渝铁路有限责任公司
中铁第一勘察设计院集团有限公司
四川铁科建设监理有限公司

新建向莆铁路青云山隧道

（推荐单位：中国铁道学会）

中铁二十三局集团有限公司
中铁第四勘察设计院集团有限公司
向莆铁路股份有限公司
西安铁一院工程咨询监理有限责任公司

贵阳龙洞堡机场地下综合交通枢纽隧道工程

（推荐单位：中国土木工程学会隧道及地下工程分会）

中铁二院工程集团有限责任公司
贵阳市域铁路有限公司
中铁二十一局集团有限公司
北京铁研建设监理有限责任公司

贵阳至瓮安高速公路

（推荐单位：中国交通建设股份有限公司）

中交公路规划设计院有限公司
中交投资有限公司
中交第二公路工程局有限公司
贵州中交贵瓮高速公路有限公司
中交三航局第三工程有限公司
中交四公局第一工程有限公司
民航机场建设工程有限公司

济南东南二环延长线工程

（推荐单位：中国公路学会）

中铁四局集团有限公司
山东高速集团有限公司
山东高速建设管理集团有限公司
山东省交通规划设计院集团有限公司
中铁四局集团第七工程有限公司
山东大学
西南交通大学
中国建筑股份有限公司
山东省路桥集团有限公司

巴基斯坦PKM项目（苏库尔至木尔坦段）

（推荐单位：中国土木工程学会混凝土及预应力混凝土分会）

中国建筑股份有限公司
中建三局集团有限公司
中建国际建设有限公司
中交第二公路勘察设计研究院有限公司
中国建筑第七工程局有限公司
中国水利水电第七工程局有限公司
中国土木工程集团有限公司
中国水利水电第十一工程局有限公司
中建五局土木工程有限公司
中国电建市政建设集团有限公司

广东清远抽水蓄能电站

（推荐单位：中国大坝工程学会）

清远蓄能发电有限公司
广东省水利电力勘测设计研究院有限公司
中国水利水电建设工程咨询中南有限公司
中国水利水电第十四工程局有限公司
广东水电二局股份有限公司

江西省峡江水利枢纽工程

（推荐单位：中国大坝工程学会）

中铁水利水电规划设计集团有限公司
江西省峡江水利枢纽工程管理局
中国水利水电科学研究院
中国安能建设集团有限公司
广东省源天工程有限公司
中国水利水电第十二工程局有限公司

国家能源集团宿迁2×660MW机组工程

（推荐单位：中国电力建设企业协会）

国家能源集团宿迁发电有限公司
中国电力工程顾问集团华东电力设计院有限公司
国网江苏省电力工程咨询有限公司
中国能源建设集团江苏省电力建设第三工程有限公司
中国能源建设集团江苏省电力建设第一工程有限公司
河南省第二建设集团有限公司
江苏方天电力技术有限公司
国能龙源环保有限公司

武汉港阳逻港区集装箱码头工程

（推荐单位：中国土木工程学会港口工程分会）

中交第二航务工程勘察设计院有限公司
湖北省港口集团有限公司
中交第二航务工程局有限公司
中建港航局集团有限公司
北京水规院京华工程管理有限公司

西安市地铁4号线工程

（推荐单位：中国土木工程学会轨道交通分会）

西安市轨道交通集团有限公司
广州地铁设计研究院股份有限公司
中铁第一勘察设计院集团有限公司
中铁一局集团有限公司
机械工业勘察设计研究院有限公司
中铁七局集团有限公司
北京城建设计发展集团股份有限公司
中铁二十局集团有限公司
中铁上海工程局集团有限公司
中铁十八局集团第三工程有限公司

苏州市轨道交通2号线及延伸线工程

（推荐单位：中国铁道建筑集团有限公司）

中铁十七局集团有限公司
苏州市轨道交通集团有限公司
中铁第四勘察设计院集团有限公司
北京城建设计发展集团股份有限公司
北京交通大学
中铁十二局集团有限公司
中国铁建大桥工程局集团有限公司
中铁十八局集团有限公司
中铁十九局集团有限公司
中铁上海工程局集团有限公司

广州市轨道交通14号线一期工程

（推荐单位：中国铁路工程集团有限公司）

广州地铁集团有限公司
中铁一局集团有限公司
广州地铁设计研究院股份有限公司
广东省基础工程集团有限公司
广州轨道交通建设监理有限公司
中交第二航务工程局有限公司
广州市市政集团有限公司
中铁二局集团电务工程有限公司
五矿二十三冶建设集团有限公司
中铁三局集团有限公司

宁波市轨道交通3号线一期工程

（推荐单位：中国土木工程学会轨道交通分会）

宁波市轨道交通集团有限公司
宏润建设集团股份有限公司
广州地铁设计研究院股份有限公司
上海隧道工程有限公司
中铁隧道局集团有限公司
中铁十局集团有限公司

中铁十六局集团有限公司
浙江省二建建设集团有限公司
中铁十四局集团有限公司
上海地铁咨询监理科技有限公司

黄浦江上游水源地工程

（推荐单位：上海市土木工程学会）

上海黄浦江上游原水有限公司
上海城投水务工程项目管理有限公司
上海市政工程设计研究总院（集团）有限公司
上海勘测设计研究院有限公司
上海市水利工程集团有限公司
上海市基础工程集团有限公司
上海城建市政工程（集团）有限公司
上海隧道工程有限公司
宏润建设集团股份有限公司
上海公路桥梁（集团）有限公司

横琴第三通道

（推荐单位：中国土木工程学会市政工程分会）

上海隧道工程有限公司
珠海大横琴股份有限公司
上海市城市建设设计研究总院（集团）有限公司
广州市市政工程监理有限公司
珠海大横琴城市综合管廊运营管理有限公司
邯郸建工集团有限公司
南通建工集团股份有限公司

天津滨海国际机场扩建配套交通中心工程

（推荐单位：中国土木工程学会市政工程分会）

天津市地下铁道集团有限公司
中国铁路设计集团有限公司
天津二建建筑工程有限公司
天津三建建筑工程有限公司
中国建筑第八工程局有限公司
中煤中原（天津）建设监理咨询有限公司
天津大学建筑工程学院

福州城市森林步道

（推荐单位：福建省土木建筑学会）

广东省基础工程集团有限公司
中国一冶集团有限公司
浙江中天恒筑钢构有限公司
福州市规划设计研究院集团有限公司
福州市鼓楼区建设投资管理中心

斯里兰卡机场高速公路（CKE）工程

（推荐单位：中国冶金科工集团有限公司）

中国二十冶集团有限公司
中交第一公路勘察设计研究院有限公司
浙江数智交院科技股份有限公司
浙江省建投交通基础建设集团有限公司
浙江省建材集团有限公司
广东二十冶建设有限公司

广州市资源热力电厂项目（第三、第四、第五、第六资源热力电厂）

（推荐单位：中国土木工程学会市政工程分会）

广州市第三建筑工程有限公司
广州环保投资集团有限公司
广州市市政集团有限公司
广州市第四建筑工程有限公司
中国城市建设研究院有限公司
无锡雪浪环境科技股份有限公司
嘉园环保有限公司
中国轻工业广州工程有限公司
广州永兴环保能源有限公司
广州市第二市政工程有限公司

成都“金沙公交枢纽综合体”产业融合TOD创新试点项目

（推荐单位：中国土木工程学会城市公共交通分会）

成都建工集团有限公司
成都市公共交通集团有限公司
成都建工路桥建设有限公司
成都建工工业设备安装有限公司
四川商鼎建设有限公司
日月幕墙门窗股份有限公司

港华金坛盐穴储气库项目

（推荐单位：中国土木工程学会燃气分会）

港华储气有限公司
中盐金坛盐化有限责任公司
中国石油集团工程技术研究院有限公司
中海油石化工程有限公司

南京丁家庄二期A28地块保障性住房

（推荐单位：中国土木工程学会住宅工程指导工作委员会）

中国建筑第二工程局有限公司
南京安居保障房建设发展有限公司
南京长江都市建筑设计股份有限公司

珠海翠湖香山国际花园地块五（一期、二期）

（推荐单位：中国土木工程学会住宅工程指导工作委员会）

中建-大成建筑有限责任公司
珠海九控房地产有限公司
浙江绿城建筑设计有限公司
珠海兴地建设项目管理有限公司
广西建工集团第四建筑工程有限责任公司

中国土木工程詹天佑奖由中国土木工程学会和北京詹天佑土木工程科学技术发展基金会于1999年联合设立，是经国家批准、住房和城乡建设部认定、科技部首批核准，在建筑、交通、铁道、水利等土木工程领域组织开展，以表彰奖励科技创新与新技术应用成绩显著的工程项目为宗旨的科技奖项，为促进我国土木工程科学技术的繁荣发展发挥了积极作用。

中国土木工程詹天佑奖简介

1

为贯彻国家科技创新战略，提高土木工程建设水平，促进先进科技成果应用于工程实践，创造优秀的土木建筑工程，特设立中国土木工程詹天佑奖。本奖项旨在奖励和表彰我国在科技创新和科技应用方面成绩显著的优秀土木工程建设项目。本奖项评选要充分体现“创新性”（获奖工程在规划、勘察、设计、施工及管理等技术方面应有显著的创造性和较高的科技含量）、“先进性”（反映当今我国同类工程中的最高水平）、“权威性”（学会与政府主管部门之间协同推荐与遴选）。

本奖项是我国土木工程界面向工程项目的最高荣誉奖，由中国土木工程学会和北京詹天佑土木工程科学技术发展基金会颁发，在住房和城乡建设部、交通运输部、水利部及中国国家铁路集团有限公司等建设主管部门的支持与指导下进行。

本奖项每两年评选一届，每届分两批，每年评选一批，两批全部评选完成后组织进行颁奖。

2

本奖项隶属于“詹天佑土木工程科学技术奖”（2001年3月经国家科技奖励工作办公室首批核准，国科准字001号文），住房和城乡建设部认定为建设系统的主要评比奖励项目之一（建办[2001]38号）。

3

本奖项评选范围包括下列各类工程：

（1）建筑工程（含高层建筑、大跨度公共建筑、工业建筑、住宅小区工程等）；
（2）桥梁工程（含公路、铁路及城市桥梁）；
（3）铁路工程；
（4）隧道及地下工程、岩土工程；
（5）公路工程；
（6）水利、水电工程；
（7）水运、港口及海洋工程；
（8）城市公共交通工程（含轨道交通工程）；
（9）市政工程（含给水排水、燃气热力工程）；
（10）特种工程（含军工工程）。

4

申报本奖项的单位必须是中国土木工程学会团体会员。申报本奖项的工程需具备下列条件：

（1）必须在规划、勘察、设计、施工以及工程管理等方面有所创新和突破（尤其是自主创新），整体水平达到国内同类工程领先水平；
（2）必须突出体现应用先进的科学技术成果，有较高的科技含量，具有较大的规模和代表性；
（3）必须贯彻执行“创新、协调、绿色、开放、共享”新发展理念，突出工程质量安全、使用功能以及节能、节水、节地、节材和环境保护等可持续发展理念；

第十八届颁奖大会现场

（4）工程质量必须达到优质工程；

（5）必须通过竣工验收。对建筑、市政等实行一次性竣工验收的工程，必须是已经完成竣工验收并经过一年以上使用核验的工程；对铁路、公路、港口、水利等实行“交工验收或初验”与“正式竣工验收”两阶段验收的工程，必须是已经完成“正式竣工验收”的工程。

5

本奖项采取“推荐制”，根据评选工程范围和标准，由建设、交通、水利、铁道等有关部委主管部门、各地方学会、学会分支机构、业内大型央企及受委托的学（协）会提名推荐参选工程；在推荐单位同意推荐的条件下，由参选工程的主要完成单位共同协商填报“参选工程申报书”和有关申报材料；经中国土木工程詹天佑奖评选委员会进行遴选，提出候选工程；召开中国土木工程詹天佑奖评选委员会与指导委员会联席会议，确定最终获奖工程。

本奖项评审由“中国土木工程詹天佑奖评选委员会”组织进行，评选委员会由各专业的土木工程资深专家组成。中国土木工程詹天佑奖指导委员会负责工程评选的指导和监督，中国土木工程詹天佑奖指导委员会由住房和城乡建设部、交通运输部、水利部、中国国家铁路集团有限公司（原铁道部）等有关部门、业内资深专家以及中国土木工程学会和北京詹天佑土木工程科学技术发展基金会的领导组成。

6

每届隆重举行一次颁奖大会，对获奖工程的主要参建单位授予詹天佑荣誉奖杯、奖牌和证书，并统一组织在相关媒体上进行获奖工程展示。

科技部颁发奖项证书

第十九届评审大会

第十八届获奖代表领奖

北京新机场工程（航站楼及换乘中心、停车楼）

推荐单位
北京市建筑业联合会

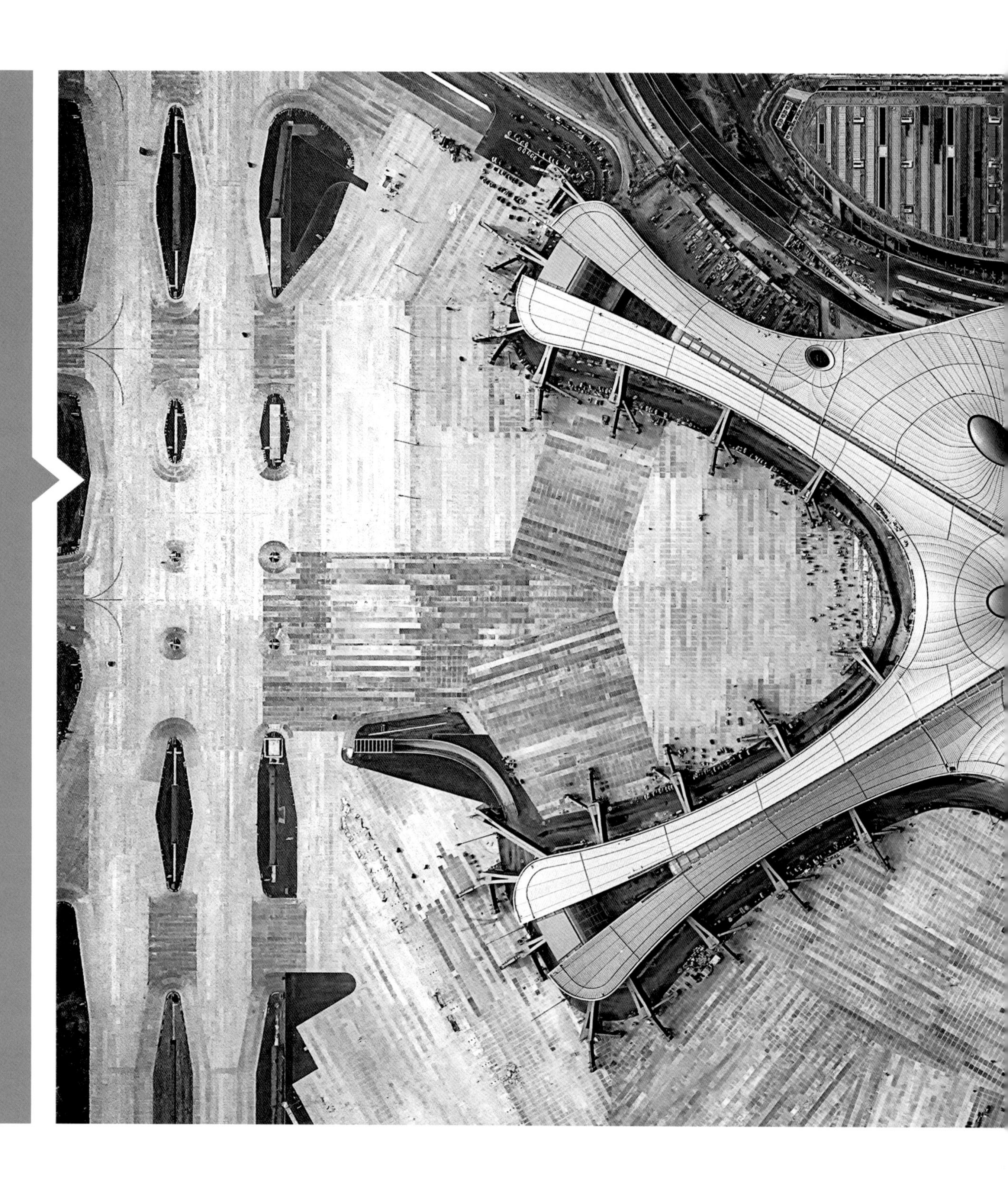

1 工程概况

该工程位于北京市大兴区与廊坊市广阳区之间，是全球一次建设的最大的单体航站楼、最大的单体减隔震建筑。工程由航站楼及综合换乘中心、停车楼组成，总建筑面积105.2万m^2，其中航站楼780028.05m^2，地下2层，地上局部5层，最大高度50.9m；停车楼地下1层，地上3层，建筑面积272103.36m^2，停车位4228个。航站楼及换乘中心主体结构为现浇钢筋混凝土框架结构，局部为型钢混凝土结构，屋面

北京新机场工程（航站楼及换乘中心、停车楼）

及其支撑为钢结构；停车楼为现浇钢筋混凝土结构。基础形式为桩筏基础、桩基独立承台+防水板基础。

工程是国家“十二五”规划重点工程，北京市“十二五”重大基础设施发展规划一号工程，民航“十二五”重点项目，是京津冀协同发展中“交通先行、民航率先突破”的最大亮点工程。北京大兴国际机场将与北京首都国际机场形成具有国际竞争力的“双枢纽”，服务“一带一路”国家倡议，是国家发展的一个新动力源。

工程于2015年9月26日开工建设，2019年9月12日竣工，总投资150.05亿元。

2 科技创新与新技术应用

1. 世界首创五指廊集中式布局，自航站楼中心到达任何指廊端不超过600m，旅客步行距离短。

2. 世界首次采用双层出发车道边，双层出发，双层到达，航站楼流程效率世界一流。

3. 首次采用轨道下穿航站楼设计，高铁、城际、快轨等多种轨道交通穿越航站楼并设站，实现“零距离换乘”，空铁联运效率高。

4. 世界上单体最大的减隔震建筑，±0.000结构层下设隔震层，综合解决超大面积混凝土板裂缝控制、大跨度钢结构抗震和轨道穿行震动影响。

5. 国内首例超长超宽（565m×437m，16万m^2）混凝土结构楼板不设缝，裂缝控制技术达到国际领先水平。

6. 国内首个取得节能3A认证的航站楼，首个同时获得三星级绿色建筑认证和节能3A认证的航站楼，应用多项绿色、节能创新设计。

7. 国内首次采用空地一体化、全流程模拟仿真技术进行设计方案优化。楼内全流程采用智能/自助设备，实现无纸化出行、行李自动追踪、无障碍设计，达到国际领先水平。

8. 超大平面层间隔震综合技术，形成一整套包括结构承重体、建筑构造和机电补偿等的完整隔震层施工技术，成果达到国际领先水平。

9. 超大平面复杂空间曲面钢网格结构屋盖施工技术，实现18万m^2、4.2万t钢结构优质、高效施工，成果达到国际领先水平。

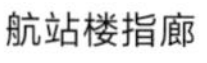
航站楼指廊

航站楼候机区

航站楼值机区

航站楼指廊端庭院

航站楼全景

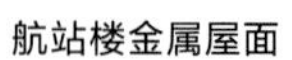

航站楼金属屋面

航站楼行李提取厅

航站楼中心区大厅

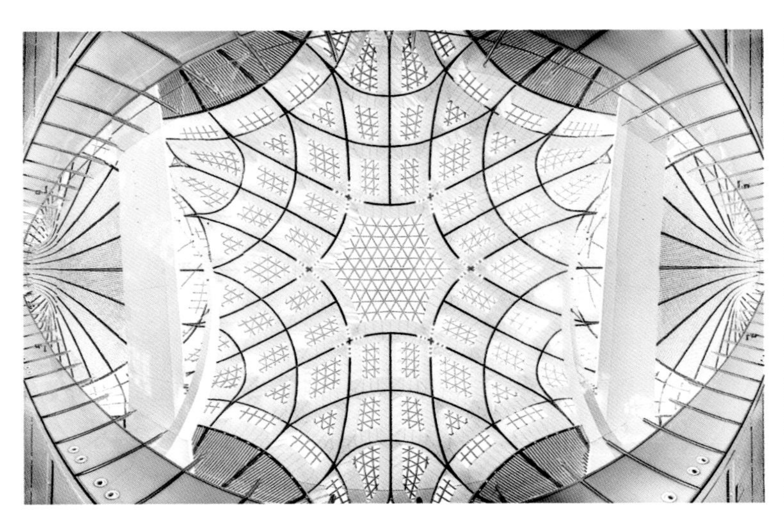

航站楼中心区采光顶

航站楼登机桥

中国·红岛国际会议展览中心工程

推荐单位
青岛市住房和城乡建设局

1 工程概况

工程位于山东省青岛市高新区，项目地处滨海浅滩地区，是山东省新旧动能转换首批优选项目，是山东省规模最大的会展经济综合体，被喻为“青岛新窗”。项目定位于环渤海地区最富竞争力的第五代会展经济综合体，首次实现会议、展览、体育、休闲、旅游、文化、商贸等各功能区之间的无缝链接。

项目总建筑面积48.8万m^2，其中地上建筑面积35.7万m^2，

中国·红岛国际会议展览中心鸟瞰图

地下建筑面积13.1万m^2。由登录大厅、单层A展厅、双层B展厅、北塔酒店、南塔酒店兼办公楼及地下能源中心组成。展馆室内展览面积15万m^2，室外展览面积20万m^2，设有1个2万m^2登录大厅和14个室内展厅，是一座科技领先、质量上乘、国际一流的智慧展馆。

工程于2016年7月开工建设，2019年5月竣工，总投资63亿元。

东侧鸟瞰图

西北侧俯视图

北广场及登录大厅北门入口

2 科技创新与新技术应用

1. 国内首创大型展馆“双首层”消防概念。完美解决双层展厅均可按1万m^2开敞空间进行设置的会展要求，为国内大型展馆项目提供了优秀范例。
2. 国内首创采用带预应力拉索的智能累积滑移技术，首次将预应力拉索技术应用于滑移过程的变形控制，创新形成了大跨复杂空间钢结构智能累积滑移成套技术。
3. 国内首创滨海复杂环境地基基础成套建造技术和评价体系，为滨海地区滨海复杂环境地基基础建造与评价提供了科学依据和技术支持。
4. 国内首创超长混凝土结构间歇法高效建造技术。首次提出“顺序与跳仓相结合、间歇与加强相结合”的超长混凝土结构间歇法施工技术，解决了超长大面积混凝土结构裂缝控制与高效建造技术难题。
5. 国内首创滨海服役环境下高强、高耐久性饰面清水混凝土设计与施工成套技术，为滨海复杂环境下高强、高耐久性饰面清水混凝土设计与施工提供了理论支撑和项目实践。
6. 项目拥有全国面积最大的高空室内反装膜结构（4万m^2），首次提出了基于BIM技术的地面整体拼装、智能整体提升、分次张拉智能双控等异型高空反装膜结构成套施工技术。
7. 项目拥有全国体量最大的预制装配式ECP外墙挂板，创新运用基于BIM技术的深化设计、智能机械高空分段组装等工业化建造方式，取得多重效益。
8. 项目创新采用分布式二次泵系统等技术，设计建造了国内蓄水量最大的多水池分布式水蓄冷系统，节能高效。
9. 项目拥有国内面积最大的建筑屋面一体化太阳能光伏发电系统，绿色节能，获评全国绿色建筑创新奖。

北广场东北侧B展厅及酒店

登录大厅反装膜结构及鱼腹式幕墙

外墙ECP挂板

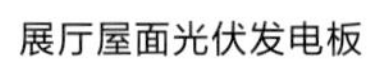
展厅屋面光伏发电板

能源中心锅炉机房

室外清水混凝土柱梁

登录大厅消防泵房

腾讯北京总部大楼

推荐单位
北京市建筑业联合会

1 工程概况

腾讯北京总部大楼位于北京市海淀区中关村软件园，是集办公、会议、演播展厅、运动、餐饮为一体的亚洲最大现代化单体办公楼，是腾讯公司在北京网媒接待的重要门户和国际形象的代表。

项目总建筑面积33.4万m^2，地下3层，地上7层，高36m。建筑外形方正简约，单层180m×180m的超大办公空间，突破了传统典型办公空间的局限性，建立起了看似无边

腾讯北京总部大楼——东北角

际的“办公景观”的新型办公空间。建筑立面底部采用切角处理，最大悬挑长度81m，既界定了入口位置同时又缔造了轻盈的视觉效果。

工程首次采用核心筒-长悬臂巨型钢桁架-框架结构体系，完美解决抗震安全性、办公楼舒适性问题。建筑内部通过主街、次街、环路划分为9个可以独立运营的区块，实现了合理的内部交通组织及平面设计。单层32400m^{2}的平面中设置了2个室外庭院与4个室内中庭，将自然风与阳光引入室内，创建出了独特的景观体验。超大的智能动态调光玻璃、智能通风器、空气化学过滤系统、先进的安保、消防、智慧运营等多项智能控制系统应用，使北京腾讯总部大楼成为国内绿色科技智慧建筑的标杆。

工程于2014年9月29日开工建设，2019年1月17日竣工，总投资28.1亿元。

2 科技创新与新技术应用

1. 国内首次应用核心筒-长悬臂巨型钢桁架-框架结构体系，完美解决抗震安全性、办公楼舒适性问题，为超大平面空间复杂钢结构体系设计探索了新的方法、技术和手段。

2. 首创大悬挑结构分段支撑悬伸步进、同步分级卸载施工技术，自主研发变形预调值计算程序，实现了施工全过程数值仿真模拟，填补了国内复杂超限结构设计与施工相关理论的空白。

腾讯北京总部大楼全景航拍图——东侧

3 首次应用全球最大的单元体遮阳百叶，结合智能动态调光玻璃、电动通风器，解决了超大平面建筑的采光及通风设计难题，营造出了一级舒适度的办公环境。

4 研发了建筑工程绿色施工与安全监控信息化平台，创新开发基于在线监测的建设工程施工粉尘监控与除尘系统，实现了施工工地粉尘控制与消除的智能化。

5 率先研究基于BIM的设计、集成施工及智能运维技术，有效解决了建筑全生命期BIM应用的困难，充分发挥了BIM的价值与示范引领作用。

6 创新研发智能施工放样平台，通过激光、图形、数据、语音等方式提示放样点的位置和偏差，实现智能化快速定位，提高了施工测量效率。

腾讯北京总部大楼室内庭院

腾讯北京总部大楼形象店

腾讯北京总部大楼泰和云梯

大望京2#地超高层建筑群

推荐单位
北京市建筑业联合会

1 工程概况

工程位于国门要塞——大望京中央商务区，是经首都机场进入北京市区后首入眼帘的标志性建筑群，秉持自然融合、绿色智能的设计理念，打造北京新地标，成就世界级商务中心、北京第二大CBD大望京的“迎宾之作”。

建筑群由昆泰嘉瑞中心、中航资本大厦、忠旺大厦组成，总建筑面积45.17万m^2，地下5层，地上43层，单体建筑高度分别为226m、160m、220m、220m，整体呈现葱郁

建筑群正立面

而灵动的竹林造型，地面中央公园与空中屋顶花园遥相呼应打造立体“绿洲”，与城市肌理无缝连接，是集办公、休闲、餐饮、商业为一体的超5A甲级智能化商务中心，是250m以内安全经济绿色可持续的超高层建筑群。

2 科技创新与新技术应用

1. 国内首获中国质量认证中心“碳中和证书”的办公建筑，自然融合、低碳节能，为超高层建筑节能设计和建造树立了良好标杆。
2. 国内首获LEED双铂金认证建筑，多专业整体参数化设计，打破建筑与自然的界限，实现人与自然共处，获亚太五星最佳高层建筑大奖在内的10余项国内外设计大奖。
3. 研发超高层电梯井道烟囱效应装置，有效解决了超高层电梯“啸叫”问题，极大提升超高层建筑电梯的使用舒适度、降低能耗。
4. 首创超高层核心筒水平竖向结构同步施工的集成式爬模体系，降低了超高层结构施工过程中发生火灾的烟囱效应，有效提升了施工质量和工效。
5. 研发了200～300m超高层综合施工技术，系统解决了250m以内超高层施工全过程的技术痛点，三项成果经鉴定达到国际先进水平。
6. 创新采用基础“变刚度调平”设计方法，实现了基底应力光滑过渡无突变，塔楼与裙楼沉降差仅为2.42mm。
7. 研发应用数字化技术智慧管理平台，提升多专业协同建造品质，精装修精度控制在0.1mm。

建筑群俯瞰

制冷机房

主楼大堂

建筑群夜景

多功能厅

主楼——竹身造型

屋面景观花园

裙楼——竹根造型

18m挑空大堂

CEC · 咸阳第8.6代薄膜晶体管液晶显示器件（TFT-LCD）项目

推荐单位
陕西省土木建筑学会

1 工程概况

该工程位于陕西省咸阳市，是我国第一条建成投产的8.6代液晶面板生产线，是国家“十三五”规划重大工程。

工程是全球最大唯一建设在高烈度区的多层全钢结构超洁净智能环保高科技电子厂房，占地面积57.4万m^2，建筑面积71.2万m^2，包括生产厂房、动力中心及配套建筑等19个单体。主生产厂房长478m，宽259m，高40m，层数4层，局

项目航拍全貌图

部5层，总用钢量13.5万t（相当于3个“鸟巢”）。安装工程包括工艺生产、工艺服务、公用动力等6大系统，含核心工艺、净化空调、废气净化、纯水回用等7251套先进设备。

工程设计月产液晶面板（2250mm×2610mm）12万张，可混切出32～100英寸，涵盖8K超高分辨率、曲面、无边框等全球最先进显示屏。

工程于2016年6月开工建设，2018年5月竣工。总投资268亿元。

2 科技创新与新技术应用

1. 国内首创高烈度区防微振超长超宽多层无缝钢框架结构体系，攻克了大型多层钢结构电子厂房刚度突变及防微振技术难题，填补了国内空白。
2. 国内首创超大面积多层钢框架结构梯次安装技术，提出基于时变单元法数值分析的合龙方式，解决了超大规模钢结构快速精确安装难题。
3. 国内首创高气密性金属节能风管成套技术，攻克了行业内近40年来风管漏风与风压耦合的技术难题，形成了系统性成套技术，实现了系统漏风低于国际标准50%。
4. 创新超大面积高开孔率华夫板高精度施工技术，攻克了华夫板结构特殊构造高开孔率（30.63%）施工难题，结构板面平整度较行业平均水平大幅提高。
5. 首创基于8.6代线“液晶面板柔性混切技术”，解决了传统生产线液晶面板切割尺寸单一的难题，单片液晶面板收益大幅提高。

钢结构施工全貌图

6 创新采用高表面系数钢-混组合楼板内置循环水管养护技术，解决了特殊条件下冬期施工混凝土养护技术难题。

7 研发了超大空间高洁净度电子厂房气流诊断与控制技术，解决了高洁净系统气流扰动及交叉污染难题，降低了系统能耗。

8 研发了多层封闭式管廊管道模块化建造与滑移施工技术，解决了高空封闭管廊内密集管道高效安装技术难题，实现固定节拍模块化建造。

9 集成多项国际先进的关键工艺技术，实现主要工艺段集群式布置光刻机等微电子级核心设备，提升产线效率，节约设备投资，引领行业发展。

10 经鉴定，成果总体上达到了国际先进水平。相关技术成果曾获陕西省人民政府科学技术奖三等奖、中国施工企业管理协会工程建设科学技术进步奖一等奖、陕西省优秀工程设计奖一等奖、国家优质工程金奖等15项奖项；获授权专利80项（国际专利9项、发明专利17项），省部级工法12项，形成软件著作权2项，参编标准3部，发表论文17篇。

智能制造系统

项目正面航拍全貌图

中国西部国际博览城（一期）项目

推荐单位
中国土木工程学会总工程师工作委员会

1 工程概况

该工程位于成都市天府新区核心区域，是中西部地区展览面积最大的博览会展中心，是国家级国际性盛会——西博会的永久会址，是四川省政府重点建设工程。该工程用地面积约61万m^2，总建筑面积56.94万m^2，建筑高度70m，地上2层，地下1层，工程结构为混凝土+钢结构，基础为预应力管桩+独立基础。由15个标准展厅、1个多功能厅、1个交通

中国西部国际博览城（一期）——航拍全景

大厅及10万m^2室外广场组成。

地上结构采用超大空间复杂钢结构体系，展馆创新采用连续五跨大跨结构和带钢拉杆双曲预应力梭形桁架屋盖体系；公共大厅采用高大、通透、新颖、独特的大跨度玻璃幕墙系统，水平跨度18m、竖向高度最大达58m；采用超大面积双曲面金属屋面体系，屋面高差最大为50m。

工程于2014年6月开工建设，2016年7月竣工，总投资87.42亿元。

2 科技创新与新技术应用

1 创新运用限制条件下绿色生态设计理念，利用浅丘地形，因地制宜，保留场地记忆，实现地方文化与山水人文高度和谐统一。

2 国内率先采用金属屋面与室外展场重载透水混凝土地面雨水回收联动体系，将海绵城市理念完美融入绿色会展建筑。

3 国际首次采用连续五跨大跨结构和带钢拉杆双曲预应力梭形桁架屋盖体系，结构受力合理，视觉轻盈，有效提升了大型场馆空间利用率。

4 创新采用70m超高三叉钢管柱系统，结合大挠度弹塑性有限元分析，解决了三叉钢管柱超高高细比的束柱超规难题，为同类型结构设计提供借鉴与支持。

5 发明了高大梭形桁架临时支撑装置及拼装方法、钢拉杆组件及钢拉杆张拉施工方法、屋盖梭形桁架施工方法、超高三叉钢管柱安装技术，为高大空间复杂钢结构体系施工提供了新的方法、技术和手段。

6 研发了带碟簧装置吊杆的曲面外幕墙用支撑钢结构及其施工方法，给室内外空间通透、新颖、独特的视觉对话创造了有利条件，达到电能“零”消耗。

7 研发了大跨度自支承式密合屋面体系，突破性采用空腔+吸音棉等16层国内罕见屋面构造，创新运用集中数码加工、索道出板一体化技术，解决了金属屋面防水、隔声、隔热、防风揭等难题。

8 研发了国内最高15.2m带曲变上部轨道活动隔断系统，解决了高大空间自由组合灵活布展以及提高超大面积展厅利用率难题，为类似工程施工起到引领示范作用。

9 创新运用基于统筹和智能特征的“五位一体”管理技术，实现六馆一厅超大体量建筑同步施工、智能建造。

中国西部国际博览城（一期）——东南侧鸟瞰

中国西部国际博览城（一期）——会议中心

中国西部国际博览城（一期）——交通大厅主入口

中国西部国际博览城（一期）——西北侧立面

中国西部国际博览城（一期）——交通大厅北侧

青连铁路青岛西站站房及相关工程

推荐单位
中国铁道工程建设协会

1 工程概况

新建青连铁路青岛西站位于青岛市西海岸国家级新区，连接三条高铁，是一座重要的铁路枢纽站，更是集铁路、市政、城轨多种交通方式为一体的现代化综合交通枢纽。

站房设计为高架候车室加线侧式站房，东西向长254m、南北向宽162m，总建筑面积59954m^2。站场雨篷覆盖面积

全景

26552m^2，其中无站台柱雨篷覆盖面积10100m^2、有站台柱雨篷覆盖面积16452m^2。旅客站台7座，建筑面积35557m^2，均为渐变曲线站台。

工程于2017年6月20日开工建设，2018年12月22日竣工，总投资8.48亿元。

2 科技创新与新技术应用

1. 研发了大跨度波浪面屋面空间结构等效静风荷载、风致振动特性计算理论，应用了等效静风荷载简化计算方法、风致振动响应计算“二步法”“三水准”“三阶段”抗风设计理念和流固耦合动力分析方法。

2. 创新应用了大跨度屋盖-劲性钢骨（钢管）混凝土框架组合结构体系设计分析方法，提出了组合结构协同作用下，高铁站房的抗风、抗震、温度效应有限元分析方法。

3. 首次采用狭小空间下大跨度管桁架、大倾角玻璃幕墙、复杂弧面铝垂片吊顶梯次一体化控制的快速提升施工技术，解决了专业交叉、场地受限的施工难题。

4. 研发了切线支距放样、折线变缝排版曲线站台施工新技术，填补了铁路站场在不铺轨的前提下精确铺贴曲线站台工艺的空白。

5. 首次采用基于GIS+BIM深度融合的数字化技术，研发了“铁路站房信息化管理平台”，实现了设计、施工、运维全过程可视化控制。

曲线站台

站房正立面

候车大厅

站房夜景

站房层叠大挑檐

大倾角玻璃幕墙

上海浦东国际机场卫星厅及捷运系统工程

推荐单位
上海市住房和城乡建设管理委员会
科学技术委员会

1 工程概况

上海浦东国际机场卫星厅位于T1、T2航站楼南侧，建筑面积62.5万m^2，是全球最大的单体卫星厅。作为航站楼功能的延伸，卫星厅通过捷运连接T1、T2航站楼，实现联合运行，如同航站楼的“卫星”一样。捷运代替摆渡车，新增125个登机桥位，航班靠桥率由56%提升至95%左右，进一步提升上海航空枢纽的服务能力和水平。建成后，浦东机场的旅客设

浦东机场卫星厅航拍图

计保障能力达到8000万人次/年，跻身全球十大机场。

浦东机场捷运系统是中国内地首个机场空侧捷运系统，全球机场范围首次采用钢轮钢轨制式。国际上机场捷运多采用胶轮制式的APM技术（自动旅客运输系统），但是APM核心技术国产化率低。捷运线路长约7.8km，高峰小时单向运能达9000人次，适应浦东机场7×24h全天候运行需求。

卫星厅主体结构采用钢筋混凝土框架结构，中央大厅屋盖采用钢结构桁架，登机桥采用钢结构，总用钢量约3.5万t。

工程于2015年12月29日开工建设，2019年5月29日竣工，总投资55.76亿元。

2 科技创新与新技术应用

1 面对全球面积最大、功能最复杂的卫星厅，创新设计了差异化的功能流程组织，国际国内双层候机，实现了更高的空间利用效率。35座三层高可转换登机桥，集国内、国际、出发、到达功能于一体，同一架飞机在原地完成国际、国内航班的切换，提高旅客的出行品质，可转换登机桥在国内机场首次大规模应用。

2 全球机场范围首次将技术成熟、应用广泛的钢轮钢轨制式地铁A型车，引入机场旅客捷运系统，通过减震降噪等改造，适用于机场。实现与城市轨道交通系统的兼容，安全可靠、经济合理。

3 创新紧邻运营机坪复杂群坑施工技术，基坑面积10万m^2，应用“耦合效应分析”，科学分坑，控制基坑变形，确保机场安全运行不中断。

4 国内航站楼中首次大规模应用清水混凝土，室内公共区的柱、梁、板、墙均为清水，混凝土共5.4万m^3，展开面积15.2万m^2，从混凝土材料均质性、模板明缝、蝉缝和螺栓孔的精确控制，到表面保护液等系列工艺的研发应用，达到一次成型、色泽均匀、免装饰绿色环保的效果。

5 创新研究应用空间自由曲面弧形三角钢屋盖施工控制技术，利用BIM技术及计算机仿真模拟，对弧边三角钢屋盖吊装过程中各个阶段结构变形和内力进行动态模拟，引入“现场焊接机器人技术”，有效控制安装累积误差。

6 创新应用异形双曲面大吊顶逆作施工技术，针对6600m^2的异形双曲面大吊顶，采用“逆作法”工艺，地面拼装和计算机控制整体提升，免去满堂脚手架的搭拆，解决高空调平的难题。

7 创新研究解决盾构下穿运营中机坪和滑行道的难题，根据数字仿真，设定推进速度和地层损失率等参数，辅以惰性浆液同步微扰动注浆；实时自动化监测滑行道，动态修正推进参数，机坪最大沉降控制在7mm。

8 经鉴定，整体达到国际先进水平。获得鲁班奖，省部级科技奖8项，国家专利40项，其中发明专利17项，上海市工法2项，出版专著1本，发表论文35篇。

浦东机场卫星厅日间航拍图

浦东机场卫星厅北立面图

浦东机场S1卫星厅中央大厅室内图

浦东机场卫星厅南立面图

浦东机场卫星厅指廊室内图

太古供热项目（古交兴能电厂至太原供热主管线及中继能源站工程）

推荐单位
山西省土木建筑学会

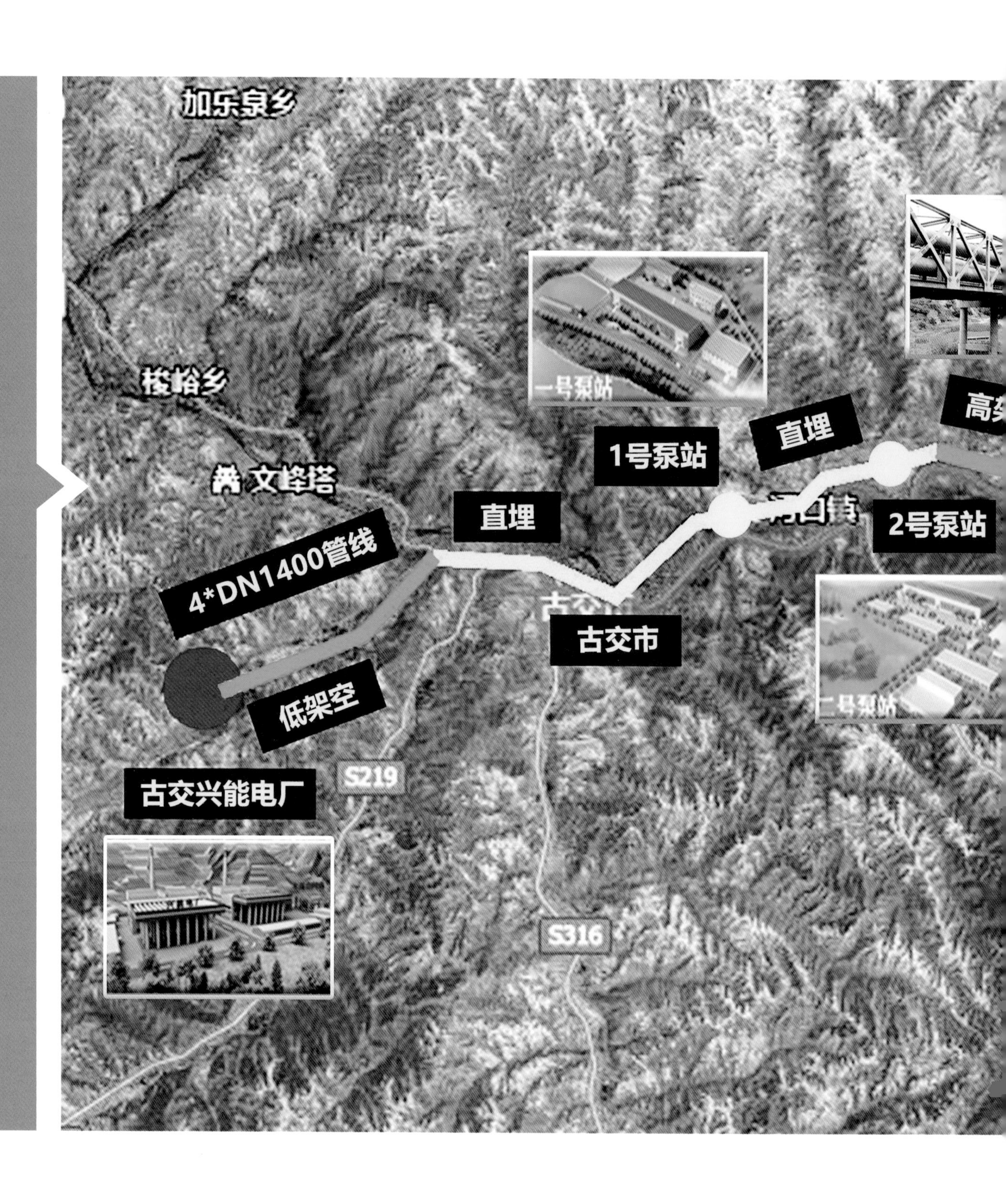

1 工程概况

工程位于山西省太原市，横跨太原城区和古交市，是目前世界上规模最大、地形最复杂的大温差长输集中供热项目，实现供热面积7600万m^2，占太原市区总供热面积1/3以上，属山西省重大民生工程。

首站工程：对古交兴能电厂6台汽轮机组进行改造，建设5级凝汽器和2级热网加热器，实现7级串联梯级加热，将热网循环水加热至130℃，为太原市区提供热源。

太古供热全线卫星图

长输热网工程：包括双供双回共4根1.4m的主干管道，全长70km，高差260m，包括3条供热专用隧道、3座中继泵站和1座中继能源站。长输管道6次穿越汾河、3次穿越高速公路、2次穿过引黄管线、横穿8座桥梁，囊括了目前供热管线所有高难度敷设方式。

热力站工程：在太原市全面应用大温差技术，改造热力站402座，将城区一级网回水温度从50℃降低至30.4℃。

项目的运行替代市区燃煤锅炉和太原第一热电厂，每年减少标煤消耗276万t，减少二氧化碳排放745万t，供热成本与燃煤锅炉相当（39元/GJ），实现了清洁供热。

项目于2014年3月开工建设，2018年7月竣工，总投资51.64亿元。

2 科技创新与新技术应用

1. 项目在供热规模、输送距离、热网高差、地形复杂等方面开创了世界供热史上的先河，是供热领域的里程碑工程。
2. 国内首次采用以中继能源站和分散能源站衔接长输管线、市区热网、庭院管网的三级大温差热网系统，研发并大规模应用多种大温差关键设备，使热网输送能力比传统热网提高50%。
3. 首创基于低热网回水温度的电厂汽轮机多级串联梯级余热回收工艺，回收的乏汽余热占总供热量79%，供热能耗比常规热电联产降低50%以上。
4. 攻克了长输热网热损失大的难题，研发整体与局部保温关键设备和部件，实现了含47%架空管道的长输热网全程37.8km温降1℃，管道散热损失比国内供热行业标准下降80%。
5. 首次构建了长距离大高差热网水高效安全输送技术体系，首创大高差直连条件下的多级热网泵配置技术，形成长输供热管网安全保障和多级泵组集群控制关键技术，攻克了直连高差180m、长度37.8km热网超压和汽化难题。
6. 首创复杂地形下长输供热管网设计施工成套技术及系列敷设技术，系统解决了目前世界上最长热力隧道（15.7km）和跨河钢桁架桥（1.26km）建设中大直径热力管道与隧道、钢桁架桥受力传力及管道热应力等众多难题，为新一轮供热设计规范修订提供了科学依据和工程实例。
7. 首次研发出大直径热力管道阵列式无应力配管等工法，成功应用于串并组合最为复杂的高效隔压换热系统，10个阵列360个管口的无应力组对，实现焊接零应力、零位移，保证了系统安全运行。
8. 首次研发出专门用于隧道内管道运输和布管的双头轨道车，解决了隧道内狭窄空间条件下大直径供热管道运输、布设和组对等难题，极大地提高了施工效率。
9. 经院士领衔的住房和城乡建设部评估委员会评价该工程整体达到“世界领先水平”。

中继能源站全景图

古交兴能电厂全景图

太古供热管道专用隧道

太古供热管道跨河高架钢桁架桥

供热首站多级串联凝汽器

补燃型大温差换热站

中继能源站板式换热器阵列

中继能源站循环泵组

青岛新机场航站楼及综合交通中心工程

推荐单位
山东土木建筑学会

1 工程概况

工程位于青岛市胶州市，是世界首个单体集中式五指廊造型的航站楼，国内首个全通型、立体化、零换乘的综合交通中心，是中国民航首批“四型机场”示范项目及“国家低能耗绿色建筑示范工程”。已作为面向日韩地区的门户机场及“世界一流、国内领先”的东北亚国际综合交通枢纽。

工程总建筑面积74.2万m^2，设计目标为2025年旅客吞吐

青岛新机场鸟瞰图

量3500万人次。航站楼工程建筑面积53.2万m^2，建筑高度42.15m，屋面面积22万m^2，为国内首个全球最大焊接不锈钢屋面。航站楼大厅与五指廊融为一体，旅客步行距离短。国际指廊居中，中转高效、流程便捷。综合交通中心工程建筑面积21万m^2，建筑高度20.85m，地上二层、地下二层，其中停车楼面积13.8万m^2，换乘中心面积4.3万m^2，停车位3747个。高铁、地铁下穿航站楼并在GTC设站，形成集航空、铁路、公路、城市轨道交通于一体的立体综合交通中心。

工程于2015年11月开工建设，2020年5月竣工，总投资约382亿元。

2 科技创新与新技术应用

1 国内原创设计首个单体集中式五指廊构型“海星”航站楼。

2 创新研发“结构空腔+隔振支座”技术与阻尼减震系统，达到震振双控目标，国内首次实现高铁不减速下穿航站楼。

3 提出了支护桩与工程桩共用及其施工方法，创新采用主体结构倒序施工技术，解决了场地受限、多工种立体交叉及工期紧等施工难题。

4 建立了超长混凝土结构建造过程中温度约束应力计算方法，提出了“顺序与跳仓相结合，间歇与加强相结合”的高效建造技术，研发了超长预应力混凝土结构梁侧加腋张拉优化后浇带关键技术，解决了超长混凝土结构收缩与开裂的施工难题。

青岛新机场全景

5 研发了滨海复杂交通枢纽机场智能建造关键技术，为滨海复杂交通枢纽机场的智能施工、结构灾害安全评估、施工缺陷识别提供了成熟技术支持和科学依据。

6 国内首创适合海洋性气候的“天衣无缝”技艺设计——超纯铁素体连续焊接不锈钢屋面系统，发明了金属屋面自动连续焊接施工方法，解决全球最大焊接不锈钢屋面工程施工难题。

7 应用了“降低需求+高效供给”的节能设计方法，末端系统设计在便于管理的前提下降低空调供暖负荷和运行能耗；遴选出地面辐射供冷供热、置换送风、分布式送风、中高温冷水冷源及水蓄冷、双冷源调湿机组等多项适宜技术集成，有效地解决了高大空间室内环境控制的特殊问题，实现航站楼空调系统的全年综合能效比达到3.35，比同气候区同类建筑节能30%。

青岛新机场夜景

青岛新机场航站楼“海星形态”图

青岛新机场综合交通中心全景图

青岛新机场站前高架

青岛新机场指廊与登机堡

青岛新机场出发大厅全景图

上证所金桥技术中心基地项目

推荐单位
上海市土木工程学会

1 工程概况

工程位于上海自由贸易试验区，总建筑面积22.6万m^2，由数据中心、应急指挥中心、能源动力、生产辅助4个功能区，18个单体组成，是目前为止亚洲规模最大、建造标准最高的新一代金融数据中心，按国际权威认证机构UPTIME INSTITUTE的TIER Ⅳ级最高标准设计建造，将引领“十四五”新型数据中心的建造。作为上交所交易系统主运行中心，项目同时为深交所、中国结算以及全球百余家券商提供一站式数据

全景

中心托管服务，是中国金融数据中心的航母，也是保障中国资本市场稳定运行的“大国重器”，是典型的新基建项目。

本工程于2016年3月开工建设，2019年5月竣工。总投资38.5亿元。

2 科技创新与新技术应用

1 研发了多层级气流组织优化及节能技术，国内首创弥漫式侧向送风技术，有效解决了数据机房制冷能耗高的问题，降低制冷能耗达11%；创新采用阶梯式余热回收和补偿式双温双盘管精确制冷技术，实现了废热回收及长达7～9个月的自然冷源利用，每年节约采暖用电110万度，每年延长免费制冷时间4个月，节约制冷用电 730万度，实现了数据中心的高效制冷和节能低碳运行，每年节约碳排放约1.58万t（LCA碳全生命周期算法，数据来自CLCD中国生命周期基础数据库）。

2 研发了多电源智能保障技术，首次采用3路独立110kV市政供电，创新采用了柴发双活双母线并机技术、动态飞轮中压耦合不间断电源技术，提高供电可靠性17%，消除电源切换真空期，大大增强了电力供应的容错性和连续性，确保了国家重要数据中心供电系统的安全可靠。

全景

3. 通过无对流围合结构布局和多层物理式分隔防水设计，形成数据机房隔水设计技术，解决了机房内外空气对流产生凝结水与空调系统渗漏对数据机房设备运行影响的难题。

4. 研发了大体量密集型管线综合安装技术，创新采用多层一体式共用支架、组合结构式钢网架及管道模块化安装等技术，实现了机电管线的高效安装。

5. 研发了基于BIM的数据中心运维监管技术，开发了智慧运维综合管理等系列软件，结合300万个信息采集点，实现了机房运行环境、设备健康信息的智能监控及事件分析，极大降低了运维人员需求及运维成本，为数据中心运维智能化管理探索了新的方法、技术和手段。

6. 经鉴定，成果总体上达到了国际先进水平。相关技术成果曾获DCD全球数据中心设计奖、中建集团科技进步奖二等奖、中国工程建设标准化协会数据中心科技成果杰出奖、中国建设工程鲁班奖、中国安装之星等23项奖项；获授权专利18项（发明5项），省部级工法2项，参编标准3部、出版著作2部，形成软件著作权19项，发表论文9篇。

机房屋面设备管线排布

数据机房模块机房布置

成都露天音乐公园

推荐单位
四川省土木建筑学会

1 工程概况

工程位于成都市北三环凤凰山脚，是我国最大的以露天音乐为主题的综合生态公园，是成都打造世界文创名城和国际音乐之都的重点工程、建设国家“公园城市”的首个示范项目，是第三十一届世界大学生运动会的闭幕式场地。

成都露天音乐公园整体设计采用“太阳神鸟”凤凰文化元素，占地面积37.9万m^2，其中园林建筑占地面积3.9万m^2，绿化占地面积25.8万m^2，水域占地面积2.9万m^2，道路、广

全景图

场、景观等占地面积5.3万m^2。首创的主舞台双面剧场，集空间桁架与拱支双曲抛物面索网两独立复杂结构于一体，呈枣核状上大下小、中部宽、两端窄的风帆状空间造型，长206.1m、宽143.7m、高9.75m，可举办5000人到4.7万人规模演出，结合“山、水、石、森、琴”5座特色主题剧场、“南、北、金钟、生命、舞台前”5个广场、1处大型景观湖以及其他园林活动场所，形成最大可容纳10万人的观演场地。在充分体现公园音乐主题功能的同时，兼具文化宣传、亲水休闲、运动娱乐、园林观赏、商业活动等功能。

工程于2017年12月开工建设，2019年3月竣工，总投资10.37亿元。

2 科技创新与新技术应用

1. 创新了公园新形态设计，实现了地域文化、音乐元素、园林艺术和公共服务的深度融合，探索了公园城市建设路径，丰富了公园城市的内涵。

2. 首创利用原自然地形地貌特征进行地形生态隔声坡设计，构建了露天音乐公园生态隔声系统，开创了运用生态景观治理开放环境下声源交叉干扰问题的先例。

3. 主舞台双面剧场集空间桁架与拱支双曲抛物面索网两独立复杂结构为一体，实现了艺术造型、结构安全和使用功能的和谐统一。

4. 提出了考虑综合施工缺陷影响的非线性施工力学分析、预测、评价方法，实现了大型复杂钢结构施工演化性能和目标性能的量化预测与评价。

5. 研发的大跨度双曲变截面钢斜拱信息化精准安装控制技术和双曲抛物面索网提升张拉与斜拱协同卸载技术，实现了大跨复杂钢结构的精准安装与安全建造。

6. 研发的外倾双曲异形四棱锥幕墙安装工艺，解决了肌理幕墙单元构件三维空间定位等安装难题，提高了安装效率。

7. 首创了施工安防及支撑装置的动力分析与设计方法，实现了施工过程中人员、结构损伤评估和防护装置定量设计，提高了复杂钢结构施工安全防护水平。

8. 开发了多专业、多系统和全流程的施工协同管理系统，研发的施工模型数据轻量化技术、分布式存储技术和统一标准数据共享技术，解决了海量数据运算与推送的数字化建造协同管理难题，提升了建筑工程协同施工的高效与精细化管理水平。

主舞台双面剧场

主舞台双面剧场夕阳景

主舞台双面剧场水光秀

“7字”形空间桁架结构建造

拱支双曲抛物面索网结构建造

1.38万m^2巨型穹顶天幕

大型景观湖水生态平衡设计

山剧场

琴剧场

生态隔声系统设计

多年生花境设计

南驿站

海峡文化艺术中心

推荐单位
中国建筑集团有限公司

1 工程概况

该工程位于福建省福州市三江口核心区，是目前世界上陶瓷用量最大的文化建筑综合体。作为联合国教科文组织第44届世界遗产大会的主会场，项目肩负着福州与世界的文化交流，促进东西方文化有效连接的重要使命。

工程总建筑面积15.26万m^2，设有多功能戏剧厅、歌剧院、音乐厅、艺术博物馆及影视中心五个功能性场馆，可举办大型电影节、音乐会、展览、各类艺术表演以及各种会议等活动。

海峡文化艺术中心航拍图

多功能戏剧厅高23.02m，建筑面积9675.42m^2，地上五层，地下一层，包含690个座位。

歌剧院高34.51m，建筑面积33821.56m^2，地上七层，地下一层，包含1612个座位。

音乐厅高25.65m，建筑面积8766.16m^2，地上四层，地下一层，包含977个座位；艺术博物馆高27.74m，建筑面积14041.51m^2，地下一层，地上五层，拥有三个1500~1700m^{2}的大型展厅。

影视中心高22.8m，建筑面积11956.38m^2，地下一层，地上五层，包含六个影厅。

工程2015年5月开工建设，2018年8月竣工，总投资27亿元。

2 科技创新与新技术应用

1. 首创了大跨度空间新型管桁架及复合节点设计理论，采用自主创新的超大长细比幕墙结构柱考虑初始缺陷的直接分析法，系统解决了“超规”复杂异型大空间结构受力体系计算及精准安装的难题。
2. 创新研发了再生骨料混凝土高性能化关键技术，系统地研究了再生骨料混凝土高强高性能化的途径，拓展了再生骨料混凝土的使用场景，实现了建筑垃圾资源化。
3. 独创大型公共建筑的结构安全监测与评估关键技术，提出建筑全寿命周期预应力损失值的确定方法，揭示了预应力构件中钢绞线预应力损失的机理。
4. 全球首创投资、设计、建造、运营一体化、全寿命周期基于BIM的数字化应用建造大型文化艺术综合体项目。通过全专业数字化建造手段，实现了建筑功能、艺术效果和文化传承的完美融合。
5. 全球首创无规则异形空间陶瓷建造技术，共使用150万块艺术陶瓷片，42250块陶棍及3.6万块艺术陶瓷砖，是全球陶瓷用量最大的文化建筑综合体。
6. 国内外首创氧化锆消声微孔陶瓷面层体系，通过独创的制备方法，呈现了完美的声学效果，同时兼顾装饰美学，拓展了建筑陶瓷材料的功能，填补了国内外空白。
7. 国内外首创无规则异形曲面幕墙综合建造技术，解决了国内首例超大长细比钢构柱-异形双曲幕墙标准化安装问题，扩展了传统幕墙安装技术的应用范围。
8. 提出了海水顶托作用区江水源热泵取水技术，国内外首次使用传感器+机器学习技术对取水管开关阀门进行智能控制，保障了热泵机组的稳定性和安全性；通过自主研发的智慧能源管理系统，实现绿色高效运营。

海峡文化艺术中心南立面

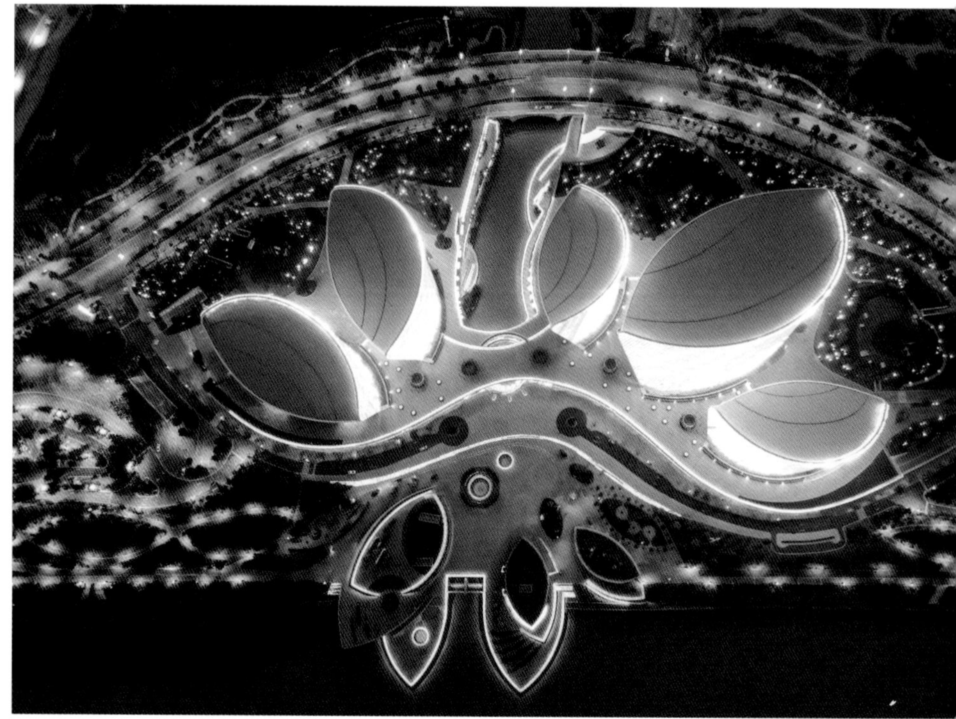
海峡文化艺术中心夜景

多功能戏剧厅

歌剧院

音乐厅

氧化锆消声微孔陶瓷面层体系

柳州市官塘大桥工程

推荐单位
中国土木工程学会桥梁及结构工程分会

1 工程概况

柳州市官塘大桥是柳州市境内连接城中区与鱼峰区的跨江通道，位于柳江水道之上，是柳州市东北方向城市主干路的重要组成部分。主桥为中承式钢箱拱桥，结构体系为有推力提篮式拱桥。大桥全长1155.5m，主桥长为462m，主桥总跨径为457m。桥面有效宽度39.5m，两侧人行道各2.5m。拱轴线为悬链线，拱肋净跨径450m，净矢高为100m，拱平面与竖直平面的夹角为10°。主桥基础采用钢筋混凝土结构

全景

扩大基础，拱座采用分离式钢筋混凝土拱座。

该工程是目前世界第一大跨度有推力钢箱拱桥。结合拱肋节段重、吊装高度高、空间异形对位难、地理环境复杂、施工区域受限、拱座基底与相邻柳江常水位高差大等特点进行技术攻关，研发形成了多项先进技术。

工程于2016年5月开工建设，2019年1月竣工，工程投资约12.09亿元。

2 科技创新与新技术应用

1. 结合桥址处地质环境特点，设计采用457m跨大推力钢箱提篮拱桥型结构，研发了新型组合式拱座施工、大跨度钢箱拱肋整体提升、成拱及成桥体系转换等技术，形成了世界最大推力钢箱拱桥的建造关键技术。

2. 针对拱座175000kN水平推力，创新设计新型组合式钢混过渡构造和台阶状扩大基础，传力合理，结构安全。

3. 研发了大跨度钢箱提篮拱长大节段低位拼装、整体同步提升、精确合龙和体系转换等成套技术，实现了跨度262m、重量5885t、提升高度67m（跨度、重量、高度均为世界之最）的中拱段拱肋整体安装，安全高效。

4. 研发了咬合桩+止水帷幕结构、基底高压注浆综合技术，实现临江溶蚀透水性地质深大基坑无水作业，保证拱座施工质量。

5. 研发了装配式紫荆花支架体系，解决了拱肋高精度拼装的技术难题。

6. 项目建设过程中，共获得专利授权38项、省部级工法6项、省部级科技进步奖6项、国家软件著作权1项，同时获得2019年中国工程建设焊接协会“优秀焊接工程”一等奖、中国钢结构金奖、2019年度中国中铁杯优质工程奖、国家优质工程奖等多项荣誉，质量优良，经济、社会和环境效益显著，科技成果被评价为国际领先水平。

夜景1

夜景2

全景

铭牌

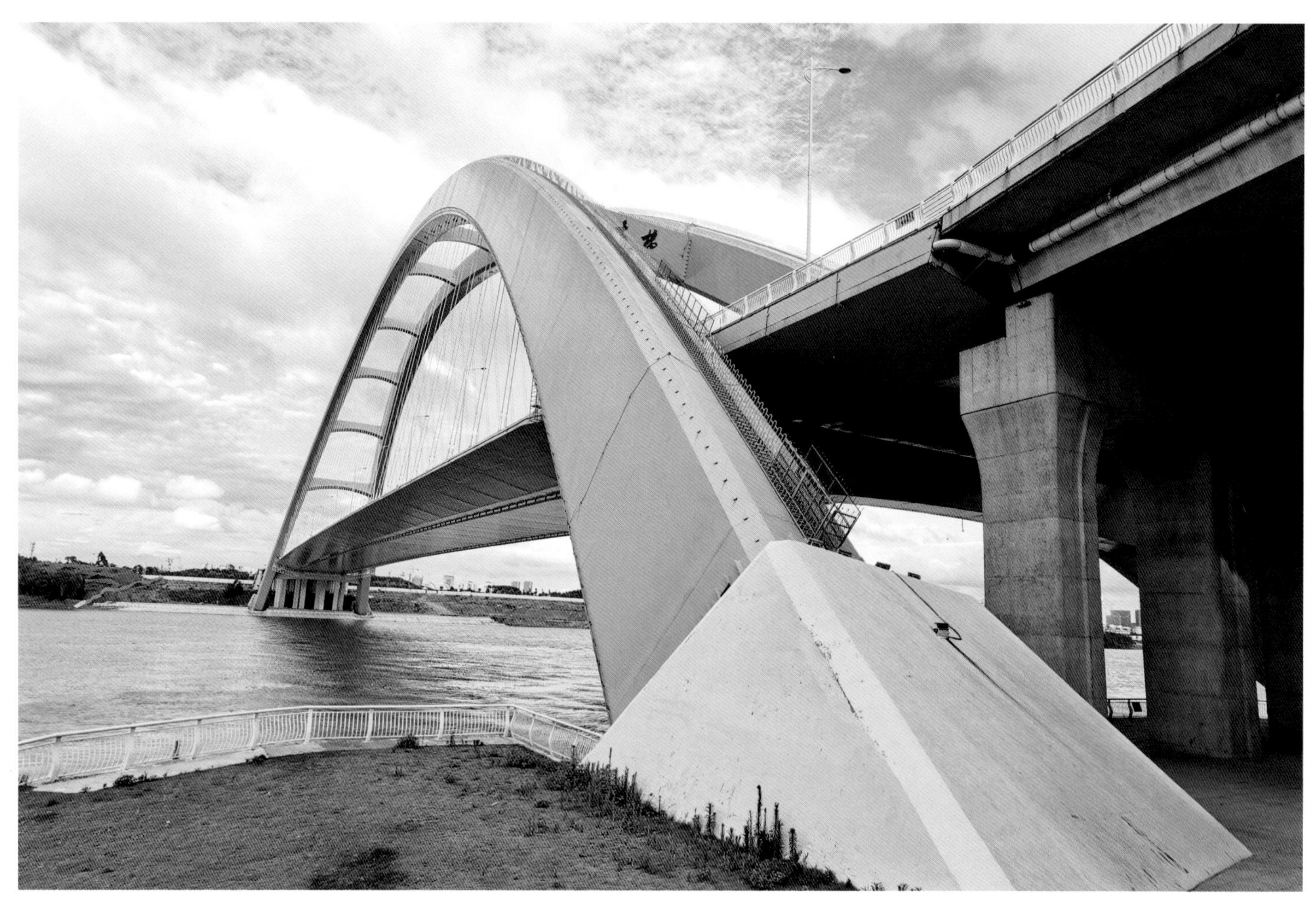

拱脚

全景

正面拱形桥

桥底

石家庄至济南铁路客运专线济南黄河公铁两用桥

推荐单位
中国铁道学会

1 工程概况

石济客专济南黄河公铁两用桥是石济客运专线控制性重点工程，全长1.792km，下层桥面为石济客专（设计速度250km/h）及邯济胶济铁路联络线（设计速度120km/h）四线铁路，上层桥面为双向六车道公路（设计速度80km/h）。主桥采用（128+3×180+128）m刚性悬索加劲连续钢桁梁跨越黄河主槽，总重近37000t，采用工厂化制造，现场整体

济南黄河公铁两用桥45°俯视图

拼装后单向顶推施工，黄河水中墩及基础采用双壁钢围堰防护及栈桥辅助施工。

该工程是我国第一座大跨度刚性悬索加劲连续钢桁梁公铁两用桥，首次采用带加劲弦多点同步顶推等施工新技术，取得了多项技术创新和突破。

工程于2013年10月开工建设，2018年12月竣工，工程投资约14.58亿元。

2 科技创新与新技术应用

1 在公铁两用桥中首次采用刚性悬索加劲钢桁梁桥。通过合理的跨径布置和“刀币”式桥墩方案，使桥梁结构和景观与黄河流域施工条件、文化及结构功能协调统一。

2 首次提出了三桁结构施工控制方法。通过高差敏感性分析，提出了多桁多点同步顶推控制系统施工方案，研发了钢桁梁带加劲弦三桁多点同步顶推成套施工技术；设计了带主动润滑摩擦副的顶推滑移支承体系，实现了3.7万t钢桁梁大悬臂、长距离安全顶推架设。

3 探索形成了一套基于BIM模型的设计、制造及架设的方法，提高了施工效率和建造质量；开发了4D-BIM施工安全监测动态管理系统和健康监测系统，建立了桥梁全生命周期预警体系，研发了基于信息化技术的钢桥制造管理系统，构建了高速铁路钢桥管理平台，实现了构件的制造、运输、安装状态实时监管。

4 创新了桥梁绿色施工技术。优化主桥施工方案，取消河中临时支墩，节约钢材4800t，减少占用土地78亩。

济南黄河公铁两用桥南岸远视图

加劲弦合龙

济南黄河公铁两用桥仰视图

济南黄河公铁两用桥成桥夜景图

重庆江津几江长江大桥

推荐单位
中国铁道建筑集团有限公司

1 工程概况

重庆江津几江长江大桥是重庆市重点建设项目，是江津区与重庆市主城区之间最快捷的通道，桥梁全长1897m。大桥起于南岸东门口，止于北岸南北大道，先后跨越滨江大道、南岸大堤、长江、成渝铁路、滨江路，顺接南岸大同路上下桥匝道，与北岸滨江路形成互通，建桥条件复杂。主桥采用主跨600m悬索桥跨越长江，主梁采用扁平流线型钢箱

重庆江津几江长江大桥白天航拍图

梁；南岸采用锚体深嵌沉井的新型组合锚碇；北岸采用型钢植入岩体复合抗剪式隧道锚碇。

针对山区城市地形地质复杂、建筑物密集、两岸接线困难等建设条件，主桥采用悬索桥一跨过江，创新采用了与地理环境协调的新型锚碇结构、大高差二次荡移法架设大节段钢箱梁等新技术，解决了山区城市复杂条件下越江桥梁工程建设难题。

工程于2012年11月开工建设，2016年4月竣工，工程投资8.6亿元。

2 科技创新与新技术应用

1. 首创隧道锚周边岩体植入型钢剪力键并应用到北岸锚碇，大幅提高了锚体抗拔能力，锚体体量较常规隧道锚减小18%；研发了锚固系统洞外拼装成型、整体滑移入洞工法，解决了大落差、超长锚塞体锚固系统杆件密集、定位精度要求高等施工技术难题；提出了隧道式锚碇稳定性分析评价方法。形成了透水软岩地区隧道锚成套建造技术。

2. 首次提出锚体深嵌沉井的新型组合锚碇结构并应用到南岸锚碇，优化了锚体结构，大幅减少地面构筑物体量，实现了与城区环境的协调；创新采用“先两边后中间”取土下沉方式，应用砂套与空气幕组合助沉技术，避免了沉井底部开裂，攻克了沉井穿越超厚砂卵石层施工技术难题，形成了建筑物密集区大型沉井基础组合锚碇建造技术。

3. 创新采用“高低栈桥+二次荡移+二次平移”组合施工技术，解决了山区地形高差与河流水位变化大的钢箱梁架设难题，形成了悬索桥无水区与浅滩区钢箱梁架设施工工法。

4. 首次采用改性氯磺化聚乙烯橡胶新型缠包带+除湿系统组合长效防腐技术体系，显著提高了主缆耐久性及施工工效，解决了悬索桥主缆防腐技术难题。

重庆江津几江长江大桥桥塔

重庆江津几江长江大桥白天航拍图

重庆江津几江长江大桥夜景

重庆江津几江长江大桥夜景

重庆江津几江长江大桥北岸隧道锚

重庆江津几江长江大桥主缆防腐

重庆江津几江长江大桥南岸重力锚

新建北京至沈阳铁路客运专线辽宁段

推荐单位
中国铁道工程建设协会

1 工程概况

北京至沈阳客运专线（以下简称京沈客专）连接北京、沈阳两市，是“八纵八横”客运专线主骨架的重要组成部分，线路位于华北和东北两大经济区之间，是沟通东北、华北、华东、中南等地区的重要通道。其中辽宁段自冀辽省界出发，依次设置牛河梁、辽宁朝阳、阜新、沈阳西站等车站，引入沈阳站，为时速350km双线高速铁路。工程正线长406.7km，沿线新设车站10座，动车所1座，线路所3个；桥

京沈客专大王杖子特大桥

梁216km/149座，隧道75km/39座，桥隧占比71.5%；正线铺设CRTSⅢ型板式无砟轨道792km、有砟轨道14km；与赤峰、通辽、锦州以及六王屯联络线跨线处4处工程同步实施，涵盖沈阳枢纽内6条联络线及其他改扩建等相关工程。

线路沿线地质主要为流纹岩、安山岩、碎屑岩、凝灰质砂岩、凝灰岩、粉砂岩、火山角砾岩、页岩等。主要褶皱及深大断裂有朝阳-药王庙断裂带，哈儿套–锦州断裂带，大巴–瓦子峪-后三角山等。不良地质主要有人为坑洞、顺层路堑、崩塌落石、地震液化；特殊岩土主要有松软土及软土地基、季节性冻土、膨胀土（岩）、湿陷性黄土。全线桥隧占比大，路基加固防护工程量大，路基及无砟轨道冻胀是建造难点。

工程于2014年7月开工建设，2018年12月建成通车，总投资471.1亿元。

京沈客专大乌兰特大桥

京沈客专马友营河特大桥

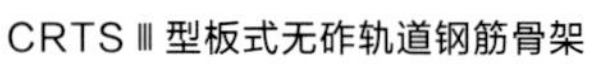

CRTS Ⅲ 型板式无砟轨道钢筋骨架

32m简支槽型梁

2 科技创新与新技术应用

1 项目依托京沈高铁开展了高速铁路智能关键技术综合试验，成段落采用BIM技术完成线、桥、隧、站设计及指导施工，有效提高设计与施工质量。在世界上首次实现了时速350km涵盖自动发车、区间自动运行、车站自动停车等功能的高速铁路自动驾驶。

2 完成了智能高铁调度集中、智能牵引供电系统等智能铁路新技术验证，开展了自主化CTCS-3级列控系统、时速350km复兴号16辆长编组动车组等高速铁路装备现代化试验，以及到发线有效长度优化等高速铁路技术优化试验，进一步完善了我国高速铁路技术装备体系。

3 首创全线采用混凝土新型基床结构形式，解决了寒冷地区路基冻胀问题。攻克了寒冷地区岔区长寿命道床混凝土的制备和施工技术，解决了大体积混凝土开裂、粉化、剥落、低坍落度难以泵送的难题。首次在高速铁路无砟轨道段落采用32m槽型梁、首创“8+4m”折角式新型声屏障结构，降噪效果及景观效果良好。第一次大规模铺设60N廓形钢轨，改善了钢轨与车轮踏面匹配程度，有利于减少钢轨磨耗，延长钢轨使用寿命。

4 首次在轨道板内嵌入RFID芯片轨道生产实行信息化管理，在国内率先实现了轨道板全生命周期信息化管理；开创性地研发了自密实混凝土和素混凝土支承层纵向连续新型结构，完善提升了Ⅲ型板式无砟轨道结构形式和整体结构的性能。

5 贯彻“建维融合”的理念，建立了四电“细部设计”京沈标准，首次编制了《高速铁路细部设计和工艺质量标准》，填补了国内铁路建设标准的空白。

山西中南部铁路通道

推荐单位
山西省土木建筑学会

1 工程概况

山西中南部铁路通道（瓦日铁路），西起“小延安”兴县瓦塘镇，东至山东省日照市日照港，横贯山西、河南、山东三省13市47县，全长1269.836km，正线路基605.5km，桥梁286.4km/467座，隧道378.1km/197座，新建车站44座（1座预留站），是我国首条自主设计和建造，也是世界上首条一次建成1000km以上的30t轴重双线高标准电气化重载铁路。

项目先后穿越吕梁山、太岳山、太行山、华北平原和鲁

山西中南部铁路通道安业湫水河特大桥

南山区，途经黄河水系、海河水系、淮河水系、鲁东南部沿海水系的多条河流，地处黄土高原的丘陵及低山区，以黄土梁、峁和深切冲沟为主；吕梁山、太岳山和太行山山区地形起伏强烈，河谷地段沟深壁陡；沿线滑坡、溜塌、错落、危岩、落石、顺层、富水砂层、岩溶、断裂、膨胀岩（土）、软土、采空区等不良地质极其发育，沿线地形、水文、地质条件复杂，煤矿、铁矿等矿区分布广，环水保和文物保护要求高，工程艰巨复杂，设计施工难度大。桥梁高墩大跨比重大，长隧道多且围岩差，路基高填深挖工点多，工程条件困难、系统复杂。

工程于2009年12月开工建设，2014年12月建成通车，总投资1038亿元。

2 科技创新与新技术应用

1. 项目系统研究了30t轴重重载铁路桥梁、隧道、路基、轨道、四电等关键设计参数，丰富了设计理论，形成了《重载铁路设计规范》TB 10625-2017等行业标准。

2. 首次确定30t轴重重载铁路桥梁设计活载标准及参数，首次提出30t轴重重载铁路隧道结构设计，显著提升了承载能力。

3. 建立30t轴重重载铁路路基设计参数，系统研发了适应30t轴重的钢轨、道岔、有砟轨道结构，新型无砟轨道结构，大幅提高了轨道结构强度。

4. 首次应用单相-三相组合式同相供电和四电系统集成技术，实现了接触网同相供电，创新采用集中接地方式、一体化的牵引变电所数字化综合自动化系统、长大隧道GSM-R单网交织冗余覆盖方案等，攻克了系列世界难题。

山西中南部铁路通道长庆路公跨铁立交桥

5 统筹提出了线路从煤层采空区以下与地下水位以上狭小区域穿行、110km以上长大紧坡下坡方案，实现了选线设计的重大创新突破。

6 自主研制了全国首台JQ190型架桥机，配套铺轨机组形成了重载铁路T梁架设和长钢轨铺设同步快速施工技术，开创了铺架新模式。

7 首创研发了新廓形75N高强韧性贝氏体钢轨和重载道岔及隧道重载无砟轨道、聚氨酯固化道床等新型重载轨道结构，大幅度减少了维护工作量。

8 在重载铁路中首次应用了声屏障降噪器技术、附加降噪效果为2.0～4.5dB，为推进绿色铁路建设提供了技术支撑。

9 创新采用了绿化混凝土等多种生态护坡技术，促进了边坡植被的快速恢复与周边生态系统的自然融合。

10 集成大数据技术，发展数字经济产业，在推进沿线集疏运硬件建设的同时构筑智慧物贸平台，为社会提供优质高效的全方位现代物流服务。

山西中南部铁路通道将军渡跨黄河特大桥

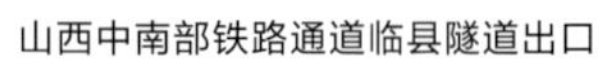
山西中南部铁路通道临县隧道出口

山西中南部铁路通道聚氨酯固化道床浇筑

山西中南部铁路通道兴县北牵引变电所

山西中南部铁路通道石楼至隰县区间

山西中南部铁路通道蔚汾河特大桥

山西中南部铁路通道卫河特大桥

兰渝铁路西秦岭隧道工程

推荐单位
中国土木工程学会隧道及地下工程分会

1 工程概况

兰渝铁路西秦岭隧道位于甘肃省陇南市武都区，设计时速200km，客货共线电气化铁路，全长28.236km，为兰渝铁路全线第一长隧，头号控制工程。

隧道为双洞单线，洞身设置3座斜井，总长6.088km。采用双块式无砟轨道，无缝线路，柔性悬挂接触网，四显示自

TBM掘进机全景

动闭塞信号系统，中部设置一座长550m的紧急救援站、68个联络通道。

工程于2008年10月开工建设，2016年12月竣工，总投资34.44亿元。

2 科技创新与新技术应用

西秦岭所在地层古老，岩体破碎、节理密集，隧道最大埋深1400m，穿越4套地层、7种岩性、5条断裂带（累计宽度1.3km）等不良地质段。隧道穿过和毗邻多处国家生态自然保护区，环境问题敏感，环保要求严格。建设过程中，参建各方积极探索新技术应用，形成多项创新成果，在同类工程中具有重大推广应用价值，经济社会效益显著。

1 突出环境保护的山岭隧道设计施工新理念。确定的进口钻爆法+出口TBM总体设计方案安全、高效；仅设置3座斜井，较大幅度地改变了“长隧短打”的习惯作法，有效实现环保目标且提前合同工期。

2 创新TBM掘进不良地质体的系统方法。建立TBM掘进不良地质体的设备参数与分级标准，提升TBM掘进复杂地质特长隧道的适应性。创造地将TSP超前地质预报、PPS自动导向、钢支撑支护、超前预注浆、空腔回填等技术运用于TBM，成功通过多条不良地质。

3 成功实施多项技术革新，大幅提升工程效率和经济效益。应用的TBM掘进与衬砌同步施工技术及研发的相关配套设备，创造了敞开式TBM最大月掘进842m，同步衬砌最大月进度860m等国内外9项纪录，综合效果显著；研发多极级联、主副驱动快速出渣系统，实现了从TBM掘进面到渣场的连续快速出渣，较传统运输方式，高效环保；运用和改进分渣器、变频通风等新技术，达到节地、节水、节能等效果。

4 建立了完备的特长隧道通风及应急救援体系。研发自安全隧道供风、竖井均衡排烟的救援站通风排烟技术，形成特长隧道的救援站设计模式；构建以快速疏散、及时救援为目标的防灾救援技术体系，安全完备。

隧道出口近景

隧道洞门与秦岭风光相辅相成

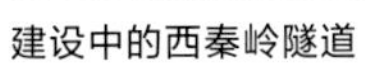
建设中的西秦岭隧道

TBM始发段步进

新建向莆铁路青云山隧道

推荐单位
中国铁道学会

1 工程概况

向莆铁路是国家“十一五”重点工程，是连接闽赣两省第一条客货共线的快速铁路。线路自南昌枢纽引出，经江西抚州、南城、福建建宁、沙县，在永泰站分叉分别引入福州站和莆田站，与福厦铁路连接，再至湄洲湾港前编组站，全线共设24个车站，总投资约518亿元。

青云山隧道位于永泰至莆田区间内，为双洞单线特长隧

动车驶出青云山隧道出口左线

道，按照时速250km客运专线铁路建筑限界设计，是向莆铁路关键控制性工程，是华东第一长、当时全国已建成第二长隧道，左线全长22175m，右线全长21843m，隧道最大埋深900m。隧道设置4座斜井和1座施工通风竖井，隧道中部设置1处“紧急救援站”，洞内铺设双块式无砟轨道整体道床。采用60kg/m耐腐蚀钢轨，一次铺设无缝线路，设置固定式电力照明和应急照明设备，两侧电缆槽内铺设通信、信号光缆并安装传输设备。隧道正洞开挖354.85万m^3，模筑混凝土74.26万m^3。

工程于2008年8月开工建设，2013年9月竣工，总投资17.06亿元。

2 科技创新与新技术应用

1. 国内外首次自主开发了高分辨率遥感三维可视化技术，创新性应用连续电导率成像系统的高分辨率大地电磁法技术，解决了长大深埋隐伏构造勘探精度要求高的世界性难题，为选线设计和绿色施工提供了技术支撑。

2. 发明了富水断层带纵向分台阶超前注浆施工方法；建立了以全断面多方位帷幕注浆技术、抗0.5MPa水压全包防水衬砌为核心的隧道防水体系，实现了超长隧道施工对自然保护区植被和水系的“零扰动”。

3. 提出了软弱围岩渐进性破坏过程的测试方法、隧道掌子面及前方先行位移监测方法，探明了软弱围岩隧道施工全过程的变形特征，研发了液压破碎锤和微爆破开挖施工技术，降低了长大隧道施工对生态环境的影响。

4. 研发了气象—水文动态数据采集分析监控技术，构建了水动态信息平台，实现了地表水、地下水和隧道施工涌水排放的实时动态监控、综合评价和预警预测，有效控制了隧道施工对自然保护区水环境的影响。

5. 首次提出了地温梯度修正方法及建议值，提高了地温预测的准确性，结合发明的单线隧道长距离（6744m）独头通风技术，有效防止了高地温对施工人员身体的伤害。

6. 国内率先创造性地设计了双洞单线超长隧道防灾救援站，体现了“以人为本、防灾救灾”的理念。

动车正在驶入青云山隧道左线进口

客车正在驶入青云山右线出口

青云山隧道进口全景图

青云山隧道一号斜井

贵阳龙洞堡机场地下综合交通枢纽隧道工程

推荐单位
中国土木工程学会隧道及地下工程分会

1 工程概况

龙洞堡机场地下综合交通枢纽隧道工程为我国“八纵八横”高速铁路网在贵阳地区的重要枢纽，也是2014年建成全国首座实现多模式换乘的“空地一体化立体交通枢纽”。正线全长3009m，上、下行到发线共长2210m，设置8个扶梯通道及2座逃生竖井。正线隧道设计时速250km；隧道中部设四线铁路侧式站台车站，分别为正线双线隧道和2座单线到发线隧道以三管隧道形式通过，其余为岔区隧道；铁路车站通过扶梯通道及逃生竖井与地铁及地面相连。隧道依次下

隧道全景

穿地面停车场、汽车站、地铁车站、地下停车场、空管楼和货运停车场。

工程位于龙洞堡机场地下，周围环境复杂，土地资源宝贵，为节约用地、减少环境影响、方便旅客换乘，实现人性化、可持续发展理念，通过开展高铁、地铁、机场总体空间布局的大量方案研究及桥梁、路基、隧道工程综合比选，创新性提出了“垂直零换乘”的三层立体紧凑布局综合交通枢纽总体规划方案，最终设置为地下三层结构。地面为机场空管楼及航站楼出入口，地下一层为高铁、地铁共用站厅层，地下二层为地铁2号线站台层，地下三层为高铁站台层。高铁车站采用三管隧道形式通过，分别为2个站台隧道及1个正线隧道。隧道结构最大跨度28m，明洞段最高回填土厚34m。

工程于2010年10月开工建设，2015年8月竣工，总投资12.57亿元。

2 科技创新与新技术应用

1. 创新性提出三层立体紧凑枢纽布局方案，建成了全国首座“垂直零换乘”的空地一体化立体综合交通枢纽工程，节约大量土地和能源，实现了高铁、航空、地铁和公交等多模式、多方向、大流量换乘。

2. 创新了高回填明洞设计理念、结构形式及设计方法。探明了超高回填土明洞“拱效应”的影响因素及明洞回填土的变形规律，首次建立了超大跨超高回填土明洞荷载计算方法；首次提出了新型开孔明洞衬砌型式，建立了新型开孔明洞衬砌设计理论及计算方法。

3. 首次建立暗挖隧道穿越薄层破碎硬质岩荷载计算及新人工填筑土隧底桩基与衬砌联合支护承载体系计算方法，形成超小间距复杂隧道群修建关键技术及新人工填筑土大断面暗挖隧道底部变形控制技术，解决了隧道群下穿重要建筑物及新人工填筑土大断面暗挖隧道施工风险控制难题。

4. 形成了隧道岔区“两小扩一大”、大倾角扶梯通道反向暗挖施工工法；提出了新人工填土层综合加固、大断面竖井快速开挖技术。

隧道洞口

隧道岔区

龙洞堡高铁站

隧道站台层

贵阳至瓮安高速公路

推荐单位
中国交通建设股份有限公司

1 工程概况

本项目是《国家高速公路网规划》中银川-百色在贵州境内重要段落，是贵州“黔中经济区一小时经济圈”重要组成部分，是贵阳东出贵州最便捷的通道，是连接东部发达地区和西部欠发达地区的重要通道。项目全长71km，设计速度80km/h，四车道高速公路，路基宽24.5m，桥涵设计荷载等级为公路-I级。全线共设桥梁15637m/36座（其中含清水河特大桥，主跨1130m悬索桥），隧道7530m/6座（其中含建

大美贵瓮

中特长隧道，3300m/座），互通式立交6处，服务区、停车区共3处。

项目位于云贵高原东段，沿线层峦叠嶂、沟壑纵横、山高谷深，地质、气候条件复杂多变，可耕种土地资源稀缺，生态环境脆弱，为少数民族聚居区等建设条件决定了项目的建设难度。项目将“安全、创新、绿色、舒适、耐久、经济”的发展理念贯穿始终，通过创新设计理念，强化科研攻关、严格项目管理，建成了“科技引领之路、精准扶贫之路、民族团结之路、生态景观之路、红色旅游之路”，成为“多彩贵州·最美高速”建设大潮中的标志性典范工程，对贵阳市、黔南州乃至贵州全省社会、经济发展以及脱贫攻坚、推动国家新一轮西部大开发等具有特殊重要意义。

项目于2013年8月开工建设，2019年1月竣工，总投资86.33亿元。

空中俯视的清水河大桥

“八方”连通的终点银盏枢纽互通

2 科技创新与新技术应用

夕阳余晖下的美丽贵瓮

“只缘身在此山中”

1. 设计创新方面：率先将北斗定位系统和机载LIDAR测量技术应用于贵州山区公路，建立了全线1：500高精度数字地面模型，实现可视化的精准“实景选线”设计。空间CT扫描、井下电视等勘察新技术，准确查明了全线不良地质问题；国际先进的“澳洲Trimble路线智能三维优化决策系统”探寻出最佳路线走廊带。首次探索在GIS平台上构建道路实体模型、可视化土石方调配、实景工点设计等先进技术。首次将岩土体耐久性和结构长期服役性能指标纳入设计，较好体现了全寿命周期设计理念。

2. 科技创新方面：独立开发的“智绘路基设计软件”，实现了道路三维交互式和可视化的设计；独立开发的“智绘地质设计软件”建立了全专业、全信息三维地质模型、自动提取岩土参数进行桩基础和边坡防护设计，桩基和边坡防护工程接近“零变更”。首次将板桁结合体系应用于千米级悬索桥，显著降低造价、节约资源、降低维护费用和时间。首次研发的千米级、大吨位缆索吊系统，解决了板桁结合加劲梁整体节段吊装作业难题。研发的自行式主缆检修车，自动过索夹和过吊索、自动纠偏，使山区悬索桥主缆养护技术走到了世界前沿。创新性地将生态化设计理念和隧道全过程变形控制技术有机结合，应用于岩溶区长大隧道安全快速施工。桥梁塔柱施工中，国内首次采用6m节段的液压爬模施工方式，实现了机制砂自密实混凝土在236m超高塔柱泵送中的成功应用。

3. 管理创新方面：项目采用BOT+EPC建设模式，通过创新管理创纪录在不到3年的时间保质保量完成了诸如千米级悬索桥、特长隧道施工的“贵州速度”“中国速度”“中国质量”。

油菜花簇拥下的贵瓮高速

大坳隧道桥隧相连

绿水青山就是金山银山

顺适而为体现自然和谐

济南东南二环延长线工程

推荐单位
中国公路学会

1 工程概况

济南东南二环延长线工程由京沪高速济南连接线和济南绕城高速济南连接线组成，是连接市区京沪、京台、青银等国道主干线交通枢纽，项目全长20.57km，设特大桥1568.6m/1座，大桥1816.2m/3座，中桥296.5m/5座，匝道桥3100m/15座，涵洞4道，改建互通立交1座，新建互通立交5座，出入口2对，分离立交1座，通道2座，天桥1座，隧

搬倒井互通立交

道9735.4m/6座，收费站1处，桥隧监控通信站1处，桥隧养护管理站1处，同址合建。

项目“筑隧为幕、回灌保泉”“东接京沪、南连青兰、北通青银、西邻京台”“一桥连三隧”，破解了复杂地质下修建长大双洞八车道隧道的技术难题，创造了同等跨度隧道建设长度的世界纪录，树立了富水泉域地层超大跨隧道建设的示范样板工程，填补了我国城区公路双向八车道隧道设计规范空白。

工程于2015年8月开工建设，2020年12月竣工，总投资73亿元。

2 科技创新与新技术应用

1 首创了泉域地层“面-线-点”立体空间勘察体系，研发了灾害源精确定位与真实成像的探查装备，提升了地下泉脉及不良地质的探查精度；建立了城区局促空间超大跨度小净距隧道设计方法，解决城区狭小空间路线展布难题，填补了双洞八车道隧道设计标准空白，节约建设用地13公顷。

2 研发了超大跨扁平双洞八车道水平层状围岩隧道安全快速施工技术。发明了流固耦合相似材料及模拟试验装备与技术，为泉域地层隧道施工工法优化与灾害防控提供了试验方法支撑；提出了基于围岩扰动、爆破损伤与变形特征的超大扁平隧道安全快速施工技术体系及“局部锚杆+变厚喷混”为核心的不等参支护技术，实现了超大扁平公路隧道安全快速开挖、支护施工。

3 创新了城区泉域地层双向八车道公路绿色建造技术。研发了适用于泉域公路隧道动水的“透”+“堵”系列绿色充填材料及强耐久自修复新型一体化防水支护结构体系，实现了城区泉域地层地下水与隧道和谐共生；创新了废弃渣零排放和低碳环保等综合施工技术，实现了568万m^3弃渣利用，11.5万m^3建筑垃圾及废弃混凝土排放，减少泥浆排放7.6万m^3，节约用地18公顷，节约用电2135万kWh。

4 创新了城区公路智能建造技术。研发了隧道地质编录与超欠挖检测机器人和多功能拱架安装机器人，创新了五层互通智能施工组织模式，为城区公路智能建造奠定了基础。

5 构建了城区环境高桥隧比公路工程管理创新平台。通过BIM与建造技术的深度融合，配合智能终端与物联技术形成的感知网络，构建了城区公路信息化管理创新平台及安全管理与风险决策系统，实现了城区公路施工风险主动防控和科学决策。

燕山立交夜景

山东高速集团投资建设济南东南二环项目
山东高速路桥集团承建老虎山隧道
老虎山隧道
老虎山隧道

老虎山隧道

山东高速集团建成世界最大规模八车道隧道群
浆水泉隧道
浆水泉隧道
浆水泉隧道
长度 3084m

浆水泉隧道

巴基斯坦PKM项目（苏库尔至木尔坦段）

推荐单位
中国土木工程学会混凝土及预应力混凝土分会

1 工程概况

巴基斯坦PKM项目（苏库尔至木尔坦段）是“一带一路”重点工程，是优化中国能源进口渠道、具有战略意义的重要通道，是中巴经济走廊框架下最大的交通基础设施和旗舰项目，是当地设计标准最高、质量最好的高速公路。项目全长392km、双向六车道、设计时速120km，总造价28.89亿美元，其中包含桥梁100座，通道428道，涵

巴基斯坦PKM高速公路航拍图

洞975道，互通式立体交叉11处，服务区6对，休息区5对，收费站22处，全线设置绿化和智能交通系统，视频监控全覆盖。

项目自正式开工以来，中国建筑团队高起点谋划、高标准建设、高水准管理，高质量完成项目建设任务，使该项目成为中巴友好合作的典型示范工程。在两国人民的见证下，这条巴基斯坦的“友谊之路”“梦想之路”“希望之路”正通向远方。

工程于2016年8月开工建设，2019年6月竣工，总投资188.65亿元。

2 科技创新与新技术应用

1. 通过对中、美、巴设计标准的充分对比，并综合考虑安全、经济、当地风格等因素，对技术指标进行融合使用。
2. 在巴基斯坦首次引进无人机航拍矢量成图技术，地形图测量缩短了约3个月工期。
3. 通过萨特莱杰大桥的水文物理模型研究，确定最佳桥位、桥长以及导流堤、丁坝的布设方案，最终桥长由原设计长度960m优化为640m。
4. 结合巴基斯坦道路运营特点，采用中国标准进行设计建造，促进了中国标准的输出。研发“智慧高速综合管理平台”及基于深度学习算法的车牌识别系统，极大地提升高速公路智慧化程度。

萨特莱杰大桥

5 提出粉质土路基采用羊角碾加冲击碾的组合碾压新工艺，提高压实效率，减少工后沉降。

6 就地取材，使用印度河粉细砂作为路基填料，共采用填砂路基超2500万m^3，减少了对周边农田的破坏，保护了生态环境。

7 对架桥机的前支横梁、中支U型梁及天车横梁进行加长改造，从而满足特小角度架设要求。

8 提出了沥青混合料80℃环境下抗车辙技术标准，将车辙检测温度从60℃提高到80℃，突破了国家标准、欧洲标准和美国标准。

9 沥青层采用平衡梁法施工，以静压、轻压为主，碾压过程中采用5m尺检测。成品经激光平整度仪检测，全线国际平整度指数*IRI*≤1.2。

10 通过对滑膜技术自主创新，提前3个月完成约1153km的新泽西护栏和路缘石。

主线路面

服务区

收费站

交通运营中心（TOC）

广东清远抽水蓄能电站

推荐单位
中国大坝工程学会

1 工程概况

工程位于广东省清远市清新区，属国家“十一五”重点工程、广东省重大能源保障项目，电站最高净水头502.70m，安装4台320MW的立轴单级可逆混流式机组，引领了单机容量由传统的300MW向更大容量发展的方向。电站总装机容量1280MW，为一等大（1）型工程。

电站由上水库、下水库、输水系统、地下厂房系统及开关站等组成。上水库枢纽包括主坝1座、副坝6座、导流（泄洪）洞及生态放水管等工程，主副坝均为黏土心墙堆石（渣）坝；下水库枢纽包括黏土心墙堆石（渣）大坝、竖井

电站全貌

泄洪洞及库岸防护等工程。输水系统包括上、下库进出水口、输水隧洞、尾水调压井及尾调通气洞等工程。地下厂房系统包括主、副厂房，母线洞，尾水闸门室，尾闸运输洞，交通洞，进风出渣洞，排风洞，自流排水洞及排水廊道等工程。升压变电工程包括主变洞、高压电缆洞及开关站等工程。交通工程包括进场公路及场内公路等工程，洞室异常复杂，累计地下开挖30余公里。

电站已稳定运行5年，机组指标远优于ISO-IEC 20816和GB／T 32584的标准和考核要求，在世界行业内，开创了蓄能电站机组在35%～100%额定负荷内长时间稳定运行以及该区域运行时机组振动、摆渡等数据皆在A区核心的先河。在对于蓄能机组影响比较大的压力脉动指标方面，清远电站机组压力脉动全面优于国内外同类机组，具有超高的运行性能。

工程于2010年5月31日开工建设，2016年8月30日投产，总投资48.78亿元。

2 科技创新与新技术应用

1. 通过对电站站址、地下厂房、上下水库布置和蓄能发电机组、泄洪消能措施等方面的创新研究，工序上进行优化，实现了工程静态投资3312元/kW，为国内同期、同类型、同规模的电站中指标最优的工程。2021年获得了菲迪克工程项目优秀奖，是2021年全球22个获奖项目中的唯一的大型水利水电工程。

2. 电站上、下水库突破了国内外常规的混凝土面板或沥青混凝土面板全库防护方案，利用天然覆盖层进行库盆防渗，适当削缓库岸较陡边坡，进行了局部网格护坡支护，保证了库岸边坡稳定，省去了全库衬砌防渗处理，节省投资近1亿元；同时上、下水库大坝均采用了黏土心墙堆石（渣）坝设计，仅对坝基和部分库周进行垂直防渗，充分利用工程开挖渣料填坝，减少征地弃渣，实现了土石方平衡，防渗效果良好，节省投资近1亿元。

上水库全景

3 国际上首次成功研发应用了一洞四机同时甩满负荷关键技术，实现了机组水力过渡过程的可靠和稳定，突破了国外技术垄断，保障了机组安全高效运行，极大降低了工程造价（约为常规设计“一洞两机”造价的2/3），达到了国际领先水平。

4 世界首创提出了“大洞贯小洞”“先洞后墙”“薄层开挖、随层支护”等技术，提出了浅孔多循环、弱爆破开挖新方法，实现了精细爆破，解决了地下厂房38个洞室开挖支护难题，保证了洞室群的整体稳定，节省围岩支护费用近0.6亿元，达到了国际先进水平。

5 世界首家开展蓄能电站长短叶片转轮与一洞四机水力系统相适应的转轮水力设计开发，解决了运行时水轮机水力稳定性的难题，提升了稳定高效运行区15%以上。国内首创厚板浮动式结构的磁轭，提高了发电机转子同心度，提升了机组运行稳定性，振动和噪声低至国内抽水蓄能机组最低水平，达到了国际领先水平。

6 工程建设注重节能、节地、节水、节材和环境保护，充分利用开挖料170万m^3，减少征地264亩。工程噪声、空气污染，建成扰动土地整治率、拦渣率等指标均优于同类工程。获得“国家水土保持生态文明工程”荣誉。

下水库全景

地下厂房发电机层

上水库大坝

地下厂房清水混凝土

江西省峡江水利枢纽工程

推荐单位
中国大坝工程学会

1 工程概况

该工程是国务院确定节水供水重大水利工程之一，建设地点位于赣江中游的峡江县老城区（巴邱镇）上游峡谷河段，是一座以防洪、发电、航运为主，兼有灌溉等综合利用功能的大（1）型水利枢纽工程，由混凝土重力坝、泄水闸、河床式电站厂房、船闸、左右岸灌溉总进水闸及鱼道等组成。坝顶高程51.20m，正常蓄水位46.00m，死水位44.00m，设计洪水位49.00m，总库容$11.87\times10^8m^3$，防洪库容$6.0\times10^8m^3$。电站安装9台转轮直径亚洲最大的灯泡贯流式水轮发电机组，装机容量360MW，多年平均发电量11.42×10^8kW·h；设计年货运量1491×10^4t/年，改善航道里程（Ⅲ级航道）65km，过船吨位1000t；设计灌溉面积32.95万亩。

大坝：全长845m，最大坝高44.9m（厂房坝段）。泄水闸共18孔，单

江西省峡江水利枢纽工程航拍图

孔净宽16.0m，采用弧形工作钢闸门。船闸为单线单级，口门净宽23m，门槛水深3.5m，设计水头15.70m，通航净高10m。电站厂房为河床式，主机房长211.8m、宽29m、高56.5m。工程采用全年水位动态控制的水库调度运行新方式。

鱼道：采用横隔板式高低进口与主副出口相结合的生态鱼道，鱼道池宽3.0m、高3.5m。采用电站发电尾水与水库补水相结合的集诱鱼新方式，实现了年均过鱼63万尾，为国内过鱼量最大的工程。

抬田：库区大面积集中抬田3.75万亩（属国内外集中抬田面积最大），其中浅淹没区2.36万亩，浸没区1.39万亩。抬田由耕作层、保水层、垫高层组成。

发电厂房：采用9台单机40MW大容量巨型灯泡贯流式机组，转轮直径7.7m/7.8m，为亚洲最大。自2013年投运以来，运行稳定，机组综合性能达到国际先进水平。

工程的建成将南昌的防洪标准由100年一遇提升到200年一遇，解决了长期困扰江西省区域发展的赣江中下游地区水患灾害、经济社会发展和生态文明建设水安全保障、江西省电力系统用电紧张等难题。

工程于2010年7月开工建设，2017年12月竣工，总投资99.22亿元。

2 科技创新与新技术应用

1 创新性提出水库与分蓄洪区共同承担防洪任务和全年水位动态控制的水库调度运行新方式，实现了坝址上、下游防洪协调，在确保防洪安全的前提下最大限度减少了库区淹没损失，减少淹迁人口1907人、减少淹没耕地6700余亩，解决了由于库区淹没损失太大，峡江工程几十年一直无法通过论证并付诸实施的难题。

2 首次提出并实现了库区浅淹没区及浸没区大面积集中抬田，抬田高度按高于水库正常蓄水位0.5m控制，抬田面积3.75万亩，为国内其他已建抬田工程抬田最大规模的7.5倍。

3 自主研发了亚洲第一、世界第二的转轮直径7.8m巨型灯泡贯流式机组，填补了国内巨型灯泡贯流式机组的空白，打破了国外技术垄断，促进中国水电装备制造业持续、健康、快速发展；研究提高整机刚强度和稳定性的技术措施，解决了水头变幅大、压力脉动指标严、稳定性要求高的难题；首次采用完全二次循环水冷却技术并获得成功，保证了机组通风冷却系统高效可靠运行。自2013年投运以来，运行稳定，机组综合性能达到国际先进水平。

4 研发了高低进口与主副出口相结合的生态鱼道新结构和鱼类洄游可视化监测系统；基于鱼类洄游特性提出了利用电站尾水和水库补水的组合式集诱鱼系统；鱼道年均过鱼63万尾，为国内之最，保护了赣江鱼类资源，实现生态可持续发展。

5 工程在论证、规划、设计阶段统筹考虑工程外观形象、生态效益和民生效益，依托丰富的自然资源和人文资源，以宏伟壮观的水利枢纽工程景观为核心，以波澜壮阔的赣江水景观为纽带，坚持“建一处工程，创一处景观”的理念，打造现代生态文明建设的典范，做到了工程建设和水利风景区建设有机结合，在2018年底获评国家级水利风景区。

江西省峡江水利枢纽工程航拍图

江西省峡江水利枢纽工程夜景

移民新村及集中大面积抬田

生态鱼道

巨型灯泡贯流式机组定子吊装

国家能源集团宿迁2×660MW机组工程

推荐单位
中国电力建设企业协会

1 工程概况

国家能源集团宿迁2×660MW机组工程是我国首套660MW二次再热塔式锅炉超超临界机组。2017年8月，工程被国家科技部正式列为国家煤炭清洁高效利用重点研发计划“高效灵活二次再热发电机组研制及工程示范”项目。2021年12月，课题通过国家科技部验收。

该项目攻克了二次再热多项关键技术，形成一系列专利技术及国产化装备，建立我国具有自主知识产权的超超临界二次

二期工程航拍图

再热机组装备制造技术和产业体系。该项目攻克了国际高参数燃煤机组理论与实践的核心技术，是我国洁净煤发电领域研究与应用的重大突破，引领高效灵活智慧型火电机组建设，促进我国电力装备科技创新及产业升级。

工程建设显著提升了能源利用效率，降低污染物排放量和发电成本，成为大机组清洁发电与集中高效供热的典范，并借助其自身优势开展污泥掺烧、中水利用等构建循环经济生态，现已掺烧城市污泥近3万t，截至2021年3月，减少二氧化碳排放125.67万t，社会综合效益显著。

工程代表国家能源集团公司参加国家“十三五”科技创新成就展，展示了火电低碳环保科技成果。

工程于2016年6月开工建设，2019年6月竣工，总投资50.98亿元。

2 科技创新与新技术应用

1 国际首创660MW等级二次再热锅炉塔式布置，优化受热面，采用宽调节比汽温调节方案解决二次再热锅炉低负荷欠温问题，实现了锅炉的灵活运行能力提升。

2 国际首创补汽阀设计应用于二次再热机型，以适应高效宽负荷率运行的要求，并研究适用于二次再热参数的主汽、调门及补汽三阀一体的联合阀门，增加机组灵活调节和抑制振动的手段。

3 国内首创“汽电双驱”引风机高效供热策略，有效解决二次再热辅汽参数匹配和高效供热问题，达到节能节电的良好效果，有效降低供电煤耗1g/（kW·h），厂用电率低于1.99%，技术取得国家授权专利，成果获科技进步一等奖，该技术已在多家电厂推广应用。

4 首创研发智能发电运行控制系统（ICS）和智能发电公共服务系统（IMS），提高机组自动化运行水平，实现传统煤电向智慧能源转型，整体水平达到国际领先。

5 首创应用国产螺旋卸船机，填补国内该领域装备制造空白，有效减少卸煤扬尘90%以上。

6 工程重视节能、节地、节水、节材和环境保护。锅炉配套设计原煤仓清堵装置，具备城市污泥掺烧条件，年可掺烧城市污泥近20万t；同步建设低成本多热源废水零排放系统，工程具备中水利用能力；实现了无油点火技术，节约了点火用油。

7 首次采用高效灵活锅炉烟气循环系统技术设计再热汽调温系统，有效降低炉烟循环系统能耗，提高安全可靠性和运行经济性。

8 项目研究和应用脱硫、脱硝及除尘采用协同深度处理技术，烟尘、二氧化硫、氮氧化物排放值分别为2.8mg/Nm^3、8.7mg/Nm^3、18.8mg/Nm^3，远低于国家超低排放标准。

9 工程采用先进的数字化设计技术，利用Smart Plant平台，实现建设数字化电厂与实体电厂的同步移交。

码头航拍图

卸船机

汽轮发电机组面貌

干煤棚

武汉港阳逻港区集装箱码头工程

推荐单位
中国土木工程学会港口工程分会

1 工程概况

该工程位于武汉市新洲区阳逻镇，武汉长江中游航运中心的核心港区——阳逻港区；建设内容主要包括阳逻二期工程及三期工程，共建设8个5000吨级集装箱江海船泊位以及相应配套设施，占用岸线长度1088m，占地面积151.5公顷，设计年通过能力为149万TEU，是长江中游最具规模、最为现代化的集装箱码头工程，有效支撑长江黄金水道建设。

全景

阳逻二期工程建设4个5000吨级集装箱江海船泊位，占用岸线525m，占地面积51.9公顷，设计年通过能力为75万TEU。

阳逻三期工程建设4个5000吨级集装箱江海船泊位，占用岸线563m，占地面积99.6公顷，设计年通过能力为74万TEU。

工程于2008年11月12日开工建设，2016年12月30日竣工，总投资29.9亿元。

2 科技创新与新技术应用

1. 该工程是我国现代内河大型专业化集装箱码头建设成就的代表性项目。项目总平面布置、装卸工艺、信息技术应用处于我国内河港口领先水平，具备向智慧港口转型升级的基础条件。

2. 首次将BIM技术运用于港口工程设计，开创了水运工程BIM设计先河，推动了水运工程设计手段革新。依托本项目BIM技术应用实践，完成了中交集团课题《BIM技术在水运工程设计中的应用研究》，总结形成水运工程BIM协同设计方法、流程以及模型应用等研究成果。

3. 创新利用矶头岸线建设集装箱泊位。基于不同水位下翔实水流实测资料，通过船舶模拟试验，定量评估船舶靠离泊操作难度和安全性，制定了船舶靠离泊作业措施，突破矶头岸线不能建港的传统理念，提高岸线资源利用率。

4. 创新提出陡岩面裸岩地质下的大桩径、大桩距的全直桩空间高桩码头结构形式，丰富了河港大水位差码头结构设计方法。

5. 创新采用内河码头大直径钢护筒引孔栽桩施工技术，克服水流急、水位高、河床覆盖层薄、斜坡陡坎等复杂条件的稳桩难题，丰富了河港大水位差码头嵌岩桩施工工法。

6. 创新采用陡坡裸岩条件下的嵌岩桩施工技术，形成了钻孔平台搭设、灌注型嵌岩桩施工、水下C30自密实微膨胀混凝土浇筑成套施工技术。

7. 践行绿色港口设计理念。装卸工艺设备采用电动设备和变频技术；室外照明采用远程中控和光控双重控制；码头布置岸电装置，供船舶利用；供水系统采用无负压供水系统和地源热泵供水系统；生产设备设施节能低碳环保，工程综合能耗处于同类项目最低水平。

码头前沿

码头前沿

全景

重箱堆场

西安市地铁4号线工程

推荐单位
中国土木工程学会轨道交通分会

1 工程概况

西安市地铁4号线南起航天新城站，北至北客站（北广场）站，串联了火车站、高铁站，续接了机场城际铁路，全长35.2km，均为地下线，设29座车站，其中11座为换乘站，设航天城车辆段和草滩停车场各1座，区域控制中心1座，主变电站1座。采用6B编组，4动2拖，最高运行速度80km/h，牵引供电采用DC1500V接触网。

地铁4号线火车站站（宫 · 站 · 城一体化）

线路南段为黄土台塬，分布约25m厚自重湿陷性黄土，且6km范围内高差约100m；北段为渭河冲洪积阶地，主要穿越富水砂层。线路13次穿越11条地裂缝。保护或绕避唐长安城遗址、大雁塔、明城墙、西安事变旧址、大明宫遗址等5处国家级文物和11处省市级文物。西安火车站段暗挖隧道跨度11.7m，且上覆饱和软黄土，下穿咽喉区29股道、11组道岔及1组复式交分道岔；在富水砂层，盾构下穿西宝高铁、西成高铁道岔区及26层高层建筑群等重大风险点。车站公共区装修、人文景观墙以“丝路长安”为主题，展示了汉唐盛世和现代文明。

工程于2014年7月开工建设，2018年11月竣工，2018年12月建成通车，总投资238.22亿元。

2 科技创新与新技术应用

1. 选线高度融合城市九宫格规划，穿越古城，连通新区，衔接枢纽，日最高客流逾67万，线网客流强度居全国前三，客流效益显著。

2. 首次提出了一整套地铁工程与文物遗址“近而不进”的和谐发展理念与方法，创新了古建筑振动控制关键技术。

3. 攻克饱和软黄土地层大断面隧道下穿西安火车站咽喉区道岔群关键技术。解决了软～流塑的饱和软黄土地层条件下，浅埋暗挖地铁车站大断面隧道下穿西安火车站咽喉区29股道、12组道岔（含1组复式交分道岔）的施工技术难题。

4. 针对工程多次穿越地裂缝，首创“骑缝”设置模式，提升了“分段处理、预留净空、柔性接头、特殊防水”的设防理念，创新了地裂缝段设防及防水技术。

5. 首创地铁穿越大厚度湿陷性黄土关键技术，首次在地铁工程采用现场试坑浸水试验及数值分析，研究了大厚度湿陷性黄土的工程特性，提出了黄土湿陷性评价方法及地基处理原则，形成了不下压轨面直接穿越的地铁设计关键技术。

6. 为避让大明宫遗址，结合西安火车站改造，创造了分离岛式——先隧后站、多网融合的车站一体化设计方案，实现了国铁与地铁同层换乘，无缝衔接。

7. 首创以“丝路长安”为主题的装修设计理念，融入古丝绸之路文化元素，采用隐喻的横向连廊组合，天地墙空间一体化表现手法，展示了汉唐盛世和现代文明，融汇古今。

大明宫站人文景观墙——万国来仪

百花村站

卫生间
Toilet
百花村
BAIHUACUN

往航天新城
To HANGTIANXINCHENG
往北客站(北广场)
To BEIKEZHAN(BEIGUANGCHANG)
大雁塔站

194
地裂缝设防段

大雁塔站出入口

北客站（北广场）站

苏州市轨道交通2号线及延伸线工程

推荐单位
中国铁道建筑集团有限公司

1 工程概况

苏州市轨道交通2号线及延伸线全长42.042km，地下线34.189km，高架线及过渡段7.853km，全线设地下站30座，高架站5座，设车辆段、停车场、控制中心各1座，主变电所3座。线路起始于相城区骑河站，途经姑苏区、吴中区，终止于工业园区桑田岛站，总体呈“L”形走向，无缝衔接苏州北站、苏州站两大枢纽，与苏州市轨道交通线网中已建、在建的各条线路均形成换乘，是苏州市南北向客流交通的主动脉。

月亮湾站站台

项目串联了苏州古城区及周边区域，所经区域遍布历史文化名城建筑群，小桥流水，星罗棋布。项目地质条件复杂，地下水系极其发育，在富水粉细砂地层中线路成功穿越了国家历史文化名城建筑群、文保建筑、京杭大运河、高铁等重要建构筑物。

项目始终坚持“古城保护与技术创新”相结合的建设理念，通过创新设计理念，强化科研攻关，大力推广“四新技术”应用，加强施工管理，建成了最具“水乡特色”的轨道交通工程，是古城保护与轨道交通建设的典范之作。

工程于2009年12月开工建设，2016年8月竣工，总投资194.4亿元。

2 科技创新与新技术应用

1. 国内首次研究揭示了富水粉细砂地层盾构穿越建筑群沉降特征及控制要素，建立了“四级三阶段”沉降控制标准，发明了高膨胀率渣土改良材料、小收缩率同步注浆专利材料，形成了穿越施工成套技术及指南，完好地保护了苏州古城历史文化建筑群。

2. 首创盾构直接切削桥梁大直径钢筋混凝土群桩成套技术，研发了切桩新型刀具、群刀立体刀盘等，开发了被截桩建构筑物荷载转移及变形控制可靠加固方法，实现了盾构主动切桩，突破了盾构切削钢筋混凝土障碍物的技术瓶颈，成果达到了国际领先水平，为地铁线路的规划设计提供了更多选择。

3. 自主研发的“带箱式转换巨型框支柱-剪力墙”新型结构，攻克了车辆基地上盖开发平台，上下结构体系不同、转换结构跨度大的难题，为地铁车辆基地上盖开发设计提供了强有力的技术支撑。

4. 国内首次发明了在线运营车辆综合检测探伤技术及车辆转向架及轮轴的集中数字化检修，大幅提升了车辆基地的年检修能力，为地铁车辆的运维检修提供了有力保障。

5. 研制的城市轨道交通道床混凝土移动搅拌运输车、变跨铺轨机等专用设备，开合式电磁感应水冷线圈钢轨正火焊接等技术，大幅提升了铺轨施工效率，有效降低了碳排放量，推动了我国城市轨道交通铺轨施工的技术革新。

高架区间

火车站站厅层

车站公共区“小桥流水人家”

独墅湖邻里中心站站厅

车站出入口

广州市轨道交通14号线一期工程

推荐单位
中国铁路工程集团有限公司

1 工程概况

广州市轨道交通14号线一期工程，起于嘉禾望岗站，止于东风站，由新和站引出知识城支线，主线全长54.4km，其中地上线长32.5km，地下线长21.9km，共设车站13座，其中地下站6座，高架站7座。设车辆段1座、停车场1座、控制中心1座。

本线路运行距离长、功能定位多，采用全天候快慢车+主支线贯通运营模式，实现精准运输和差异化服务。高架段

广州地铁14号线高架区间与G105国道遥相呼应

采用长大区间大跨度、无支座、全刚构体系桥梁，跨线段采用大跨Y形连续刚构拱桥，标准段采用4×40m预制节段拼装全刚构体系桥梁，相比传统箱梁，结构轻巧，节省全寿命周期支座运维成本；高架站采用钢混组合结构，减小建筑结构体量、提高空间利用率，运用装配式建造技术提升建设效率，节能环保。地下段多处穿越富水岩溶发育复合地层、花岗岩残积土、淤泥质土等不良地质，岩溶段见洞率66.7%、最大洞高12.5m；浅覆土下穿20世纪70年代浅基础老旧房屋群516栋、流溪河9次、高速公路桥梁7次，与已运营地铁3号线，竖向最小间距仅3.14m，盾构施工难度大。

工程贯彻“科技地铁、智慧地铁、绿色地铁、人文地铁”建设理念，获得众多科技成果，具有创新示范意义。

工程于2013年4月1日开工建设，2018年12月28日竣工，总投资207亿元。

2 科技创新与新技术应用

1. 首次形成了全天候快慢车+主支线贯通运营成套技术。通过快慢车运营模式的适应性及服务标准、行车组织与配线设计等关键技术研究，实现从化区至市中心40min到达，比慢车缩短11min；研发了灵活的多种快慢车交汇避让策略信号系统，构建了市域线快慢车运营模式的服务标准和评价体系，实现了精准运输和差异化服务。

2. 首创了轨道交通长大区间全刚构体系桥梁综合技术。创新性提出并建成长大区间大跨度、无支座、全刚构体系桥梁。创新采用预制节段拼装工法，研制出新型节段梁拼装架桥机及配套支撑体系，绿色建设低碳环保。成套技术成果形成了国家行业标准，达到国际领先水平。

3. 研发了复杂地质及环境下盾构施工关键技术。通过研发双螺旋式双模盾构机、“衡盾泥”辅助带压进仓、水平定向钻孔注浆加固等技术，攻克了小净距下穿既有建构筑物、富水岩溶发育复合地层等盾构施工技术难题。技术成果获两项广东省科技进步一等奖。

4. 首创了地铁高架车站装配式自平衡悬吊技术体系。高架站采用钢混组合结构、装配式自平衡悬吊体系，消除站厅两侧柱网，提高了空间利用率，结构轻盈通透，自然采光通风效果好，节能环保，为高架车站轻型化设计提供了示范。

5. 首次开展了基于运营性能的轨道选型技术研究。通过创新一种“连续支承、连续锁固”的嵌入式轨道，解决了城市轨道交通振动噪声治理、轮轨异常磨耗、杂散电流防治、日常养护维修难题。

车站外夜景

文化墙

岭南花格窗造型的高架车站外景（日景）

地下车站站厅

成型桥梁及声屏障

石湖停车场

成型盾构

宁波市轨道交通3号线一期工程

推荐单位
中国土木工程学会轨道交通分会

1 工程概况

宁波市轨道交通3号线一期工程（以下简称“3号线一期”）南起鄞州区高塘桥站，北至江北区大通桥站，沿线串联了甬江科创走廊、南部商务中心，衔接奉化新城，是一条贯穿城市南北的交通大动脉。线路全长16.73km，全部为地下线型式敷设，共设车站15座，其中换乘站6座，平均站间距1.15km。

3号线一期南渡站高架段

2019年与宁奉城际铁路首通段贯通运营后，与1、2号线共同构建起轨道交通网络基础框架，进一步加强了城市南北向的联系，提高城市公共交通的整体服务水平，在带动旧城改造、引导外围新城发展方面发挥了重要的作用。

工程于2014年12月开工建设，2019年6月竣工，总投资148.7亿元。

2 科技创新与新技术应用

1. 研发了世界最大断面类矩形盾构隧道成套建设技术。首创世界最大类矩形11.83m×7.27m盾构机“阳明号”，形成了集结构设计、装备研发、施工工艺于一体的类矩形隧道成套建设技术，整体水平达国际领先。

2. 研发了滨海软土地层110m特深地下连续墙施工关键技术。依托儿童公园站77m超深地下连续墙围护结构实施基础，创新研发了滨海软土地层110m特深地下连续墙施工“Ω”形铣接头、成槽稳定性控制等成套关键技术，为超深地下空间建造提供了良好的技术储备。

3. 国内首创机械法联络通道成套建造技术。首创了以“微加固、全封闭、强支护、集约化”为特征的机械法联络通道成套建造技术，进一步降低了施工风险，保护了周边环境，提高了施工效率。已应用于杭州、青岛、无锡等多个城市轨道交通工程。

4. 国内首例盾构成功下穿高速铁路咽喉区多股道岔。采取数值模拟精准设定掘进参数、“厚浆”+可硬性浆液快速稳定地层、实时动态监测等精细化施工技术，近距离微扰动下穿甬台温高铁咽喉区。

5. 首次研发应用多项机电系统新技术。国内首次在该项目研发应用了双向变流器技术，综合监控及AFC系统国内首次采用了最高信息安全等级建设标准，安全、环保效益显著。

6. 深入推进TOD综合开发，与城际铁路贯通运行。项目多个站点与周边开发地块同步建设，加快了沿线新城开发和旧城改造，助力城市有机更新；线路与宁奉城际铁路贯通运行，实现了江北、鄞州、奉化区域交通一体化。

特色地下站——儿童公园站以绿色为主色调，宛若踏入森林

3号线列车以白、黑为基础色，采用“金穗黄”作为“腰带”和内饰的主色调加以点缀，散发着“书藏古今，港通天下”的文化底蕴

列车行驶在高架段

特色地下站——体育馆站以湖蓝为主色调，设计“甬城律动”公共文化墙

特色地下站——樱花公园站以樱花粉为主色调

儿童公园站下沉广场

全线标准车站以香槟金为主色调，色彩与列车设计协调统一

类矩形盾构成型隧道

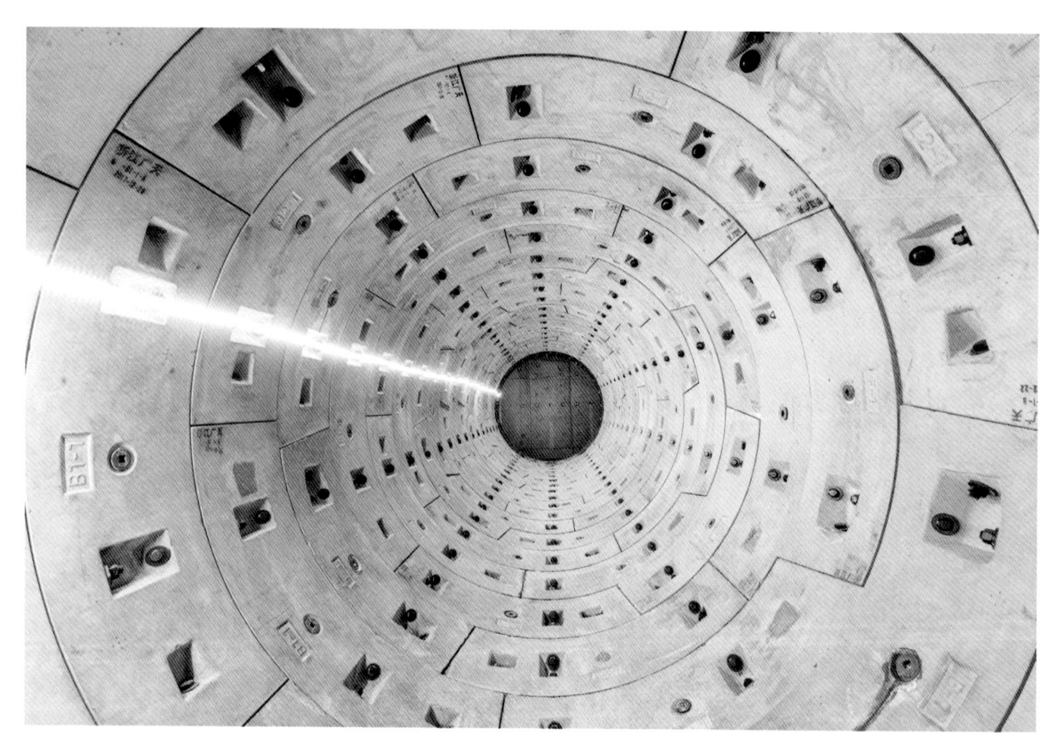

贯通后的机械法联络通道

类矩形盾构管片足尺试验

类矩形盾构机阳明号

首座类矩形盾构隧道贯通

黄浦江上游水源地工程

推荐单位
上海市土木工程学会

1 工程概况

黄浦江上游水源地工程位于长三角一体化示范区的核心地带，供水规模达351万t/d，由总库容为910万m^3的金泽水库、管径为*DN*3600~*DN*4000，总长41.8km的连通管、日供水规模为215万m^3/日的闵奉支线和松浦泵站改造等子工程组成。工程服务范围覆盖上海市青浦、金山、松江、闵行和奉贤等西南五区，受益人口约670万人。

水库全景

工程的建成构建了上海市“两江并举、集中取水、水库供水、一网调度”的原水供应格局，满足了西南五区供水需求，改善了原水水质，提高了应对突发性水污染事故能力，增强了原水供应安全保障度，为保障全市三分之一以上人口的生产生活用水安全发挥着巨大的经济、社会和生态环境效益。

工程于2014年12月开工，2016年12月通水，2017年11月竣工，工程总投资约81亿元。

2 科技创新与新技术应用

1. 工程采用“水、藻、草”多层级多过程耦合的生态系统，建设了我国平原地区日供水量最大的生态水库，并建设占地16亩、日处理10万m^3的中试基地，遴选出满足水体关键模拟要素，指导水库生态设计及科学运行。

2. 金泽水库利用两个天然湖荡构建主库区，通过剥离-运输-储存-运输-回填的表土剥离利用流程，使得最珍贵的表层土壤得到有效利用，采用表土剥离资源回用方法，再造良田3000亩。

3. 工程首次将DN4000长距离钢顶管用于国内高压给水领域，形成了超大口径钢顶管成套技术；研发并应用了国际先进的DN3000大口径预应力钢筒混凝土管材（JPCCP）及其顶管成套技术。

金泽泵站全景

水库多层级耦合生态系统

水力优化模型试验

4 工程通过一条超大口径钢顶管，将金泽水库和松浦大桥取水口两个水源连通，再经过三座枢纽泵站的提升，实现了黄浦江上游原水系统“一线、二点、三站”正反双向安全供水模式。

5 该原水系统构建了市级、系统级和泵站控制中心三级智慧调度模式，实现了系统运行的安全、稳定、节能和高效。

6 工程研发了泵站及输水系统的整体水力过渡过程程序，创新了泵站进水构筑物整流与水力排沙技术，形成了“城市泵站水力优化设计及水锤防护关键技术研究与应用”科技成果。

7 该工程为国内首次在大型原水工程中全面运用BIM技术的工程，亦是首批“上海市建筑信息模型技术应用试点项目”，形成了原水工程BIM正向设计标准流程，成为国内同行业示范项目。

金泽水库全貌

生态水库中试基地

横琴第三通道

推荐单位
中国土木工程学会市政工程分会

1 工程概况

横琴第三通道连接珠海市南湾城区和横琴粤澳深度合作区，工程范围南起横琴中路，下穿环岛北路，过马骝洲水道后，沿规划保中路线位向北至南湾大道。

工程主线双向6车道，为客车专用通道，接线道路为双向6车道，道路等级为主干道。路线全长约2834.6m，其中过马骝州水道段为圆隧道段，单管设置单向3车道，两管组

俯瞰图

合形成双向6车道，隧道外径14.5m，长约1081.6m，采用直径14.93m的泥水平衡盾构机掘进施工，是我国首条海域超大直径复合地层盾构法隧道。岸边段采用两孔一管廊明挖矩形断面。

工程于2014年7月11日开工建设，2018年11月1日正式运行，总投资26.35亿元。

2 科技创新与新技术应用

1. 首创了复合地层超大直径盾构隧道横纵向变刚度结构设计新方法，解决了盾构渐入基岩面结构受力复杂难题。
2. 研发了基于工效提升的复合地层超大直径盾构装备创新技术，解决了盾构机在抛石、隐蔽岩体范围内的推进困难。
3. 盾构新型泥浆材料及浆渣高效处理集成技术保证了开挖面的稳定，生态可持续。
4. 研发隐蔽岩体靶向爆破预处理技术，用于破碎高强度基岩，减少了盾构机刀盘的磨损。
5. 分段平移地墙施工技术实现了横穿基坑的供澳高压燃气管的原位保护。
6. 建立了以建筑信息模型（BIM）为载体的管理平台和移动端应用，解决了施工过程中管线众多、各系统交叉作业的难题。
7. 本着集约化建设、近远期结合的原则，隧道为有轨电车预留条件，达到一条隧道多种功能的设计目标。
8. 通过建、管、养全寿命周期智慧平台，极大提高了管理效能。

俯瞰图

通道横琴入口

通道路面

通道内

天津滨海国际机场扩建配套交通中心工程

推荐单位
中国土木工程学会市政工程分会

1 工程概况

天津滨海国际机场扩建配套交通中心位于津城与滨城之间，由城际铁路机场站、地铁2号线机场站，集散大厅、换乘通道、地下停车场等组成，是集航空、高铁、市域快轨、地铁、公交、出租等多维立体交通于一体的大型地下交通枢纽，总建筑面积11.28万m^2。

工程区域为典型的海陆交互地层，60m深度范围分布淤泥

天津滨海国际机场扩建配套交通中心全景图

质土、软黏土、粉土及粉砂层，且含多层承压水；工程紧邻运营的机场高架桥及T1航站楼，须严格控制巨幅玻璃幕墙、桥梁形变及楼体结构渗漏、保障机场安全正常运营；参建各方匠心设计、精致施工、精细管理，取得了一批重大技术成果。

工程于2011年12月开工建设，2014年8月竣工，总投资22.41亿元。

2 科技创新与新技术应用

1. 首创滨海富水软土地基条件下盖挖逆作成套技术，为严格控制土体变形和地表沉降，采取了大面积、多区段盖挖逆作施工技术。研发应用了竖向支撑系统关键技术、结构层板顺逆结合、托换钢管柱分节定位安装等8项创新技术。首创“可视化、多节变径”桩基施工技术和内插钢管柱“智能化”定位工法技术，单桩承载力提高60%以上，节约投资2000万元，填补了软土地区多标高深基坑群施工技术空白。

2. 秉承服务区域发展、双城快速通达、陆空便捷联乘功能定位，创新陆空“直挂衔接”设计理念，精准构建“航空+轨道”立体交通体系，实现津滨双城内联外畅，陆空一体近距耦合，提升京津冀及环渤海地区立体综合交通功能。

天津滨海国际机场扩建配套交通中心城际铁路机场站站厅层

天津滨海国际机场扩建配套交通中心A岛、B岛

交通中心结构与机场航站区高架桥小角度曲线交叉，创新提出“叠交一体化”设计理念，建立“桥梁结构-地下结构-桩-土”整体模型，采用三维有限元计算，解决刚度不均引起的应力集中和不同结构交叉的沉降、渗漏问题，打造了高架桥与地铁车站合建典范。

3 首创橡胶气囊和钢片环双井回灌控沉技术，解决单井回扬控制沉降难题，采用悬挂式地连墙，墙深由68m缩短至48m，节约1.2亿元，技术达到国际先进水平。

4 创新设计软土富水高水压地层条件下封闭泥浆循环系统，采用模块化设计，实现泥浆零排放，践行绿色施工，并在天津建设工程中全面推广使用。

5 首次在新建工程中采用绿色、环保、可反复膨胀、耐久性强的预溶模液体膨胀橡胶止水带，提高交通中心与航站楼接驳结构长效防水、止水性能。工程投入使用7年以来，结构无渗漏。交通中心运营后，地铁机场站年输送旅客量占机场年客运量的34.9%，该比例全国领先，取得良好的社会效益。

天津滨海国际机场扩建配套交通中心地铁2号线机场站

天津滨海国际机场扩建配套交通中心集散大厅

福州城市森林步道

推荐单位
福建省土木建筑学会

1 工程概况

福州城市森林步道（又称“福道”），是福建省生态建设的重要实践和重点民生工程，是全国首条、亚洲最长的钢结构空中森林栈道。福道总长19km，含钢结构栈道、登山步道和车行道，其中登山步道长约6km，钢结构架空步道长约8.2km，是连续性、无断点全钢结构无障碍林端步道。共规划10个出入口与城市对接，沿线共有七座地标性服务建构筑

福州城市森林步道

物，两座特色景桥梁。

钢结构栈道基础设计采用人工挖孔桩，森林栈道采取钢架镂空设计，全钢结构的栈道桥面使用格栅板。福道以“绿色生态与人性化协调统一的城市森林步道建设”为核心理念，开创了中国钢架悬空栈道的先河，在国内起到示范引领作用，对国内休闲健身步道的建设影响深远，截至目前全国借鉴福道建造理念的同类项目总投资约达51.6亿元。

工程于2015年1月开工建设，2018年3月竣工，总投资6亿元。

2 科技创新与新技术应用

福道以社会、经济、环境效益最大化为目标，打破了开山填路破坏大、污染山火风险大、水泥木材不生态的传统建设模式，打开了山地步道项目“小而巧、小而美、小而省”的绿色和人性化建造新思路，对国内山地步道建设起到了示范引领作用。

1. 福道紧密缝合、便捷衔接了城市与森林、江湖、人文、自然，其超长森林步道的全龄段人性化设计技术达到国际领先水平。在复杂山地密林条件下的超长钢结构步道，既保证了生态环境的原生性又实现了人性化的舒适性，将对接城市绿道、立体游线网络、观景点串联、全程无障碍、舒适弹性踏面、保护原生林荫、夜景见光不见设备等需求全部融入栈道设计，一步到位、一体成型，保证了项目的全程人性化使用需求。

2. 钢结构制作安装设备研制及应用技术达到国际领先水平。研制的多功能全装配式栈道铺设机，多方向渐进式施工；开创性吊装接驳，成功解决栈道小转弯半

融合于山地密林的优美曲线

径处钢桁架构件运输的施工难题；该设备使用的自动性、稳定性、节能性高，使用场景广，能有效保护每一寸山地和每一棵草木，使复杂山地密林环境下的微创生态建设成为可能。

3 栈道结构多元化模块融合设计技术达到国际先进水平。将园林美学追求的线形自然优美、空间起落回转、造型轻巧灵动的多变非标造型，融入精细化设计的 8 组结构模块中，既实现了这些难以量化、规律性不足、参数复杂的美学要求，又满足了规律性、标准化的无障碍功能和结构强度要求，打破了传统山体栈道以生硬不契合地形的折线和呆板笨重美感不足为主的常规思路。

4 以栈道为建设平台的系统性山地密林环境下绿色生态建造技术达到国际先进水平。低影响综合选线规划，依山就势避免了挖填山体；微创生态栈道结构形式，利用轻巧通透的钢桁架和“Y”形单柱落地，对地面零损伤，透光透水的钢格栅踏面使栈道下方近2万m^2植被生长不受影响；低碳全钢结构材料，相较于传统混凝土、木头为主材的情况，设计用料省、强度大，能抵御福州频繁的台风侵袭，加工生产过程二次污染较少，可循环回收达80%以上；绿色低污染的装配式及螺栓连接形式，极大降低山地密林环境下施工的山火风险和环境污染；模块化设计和栈道铺设机使现场无需开挖便道和设置加工厂。

自净化山地海绵系统

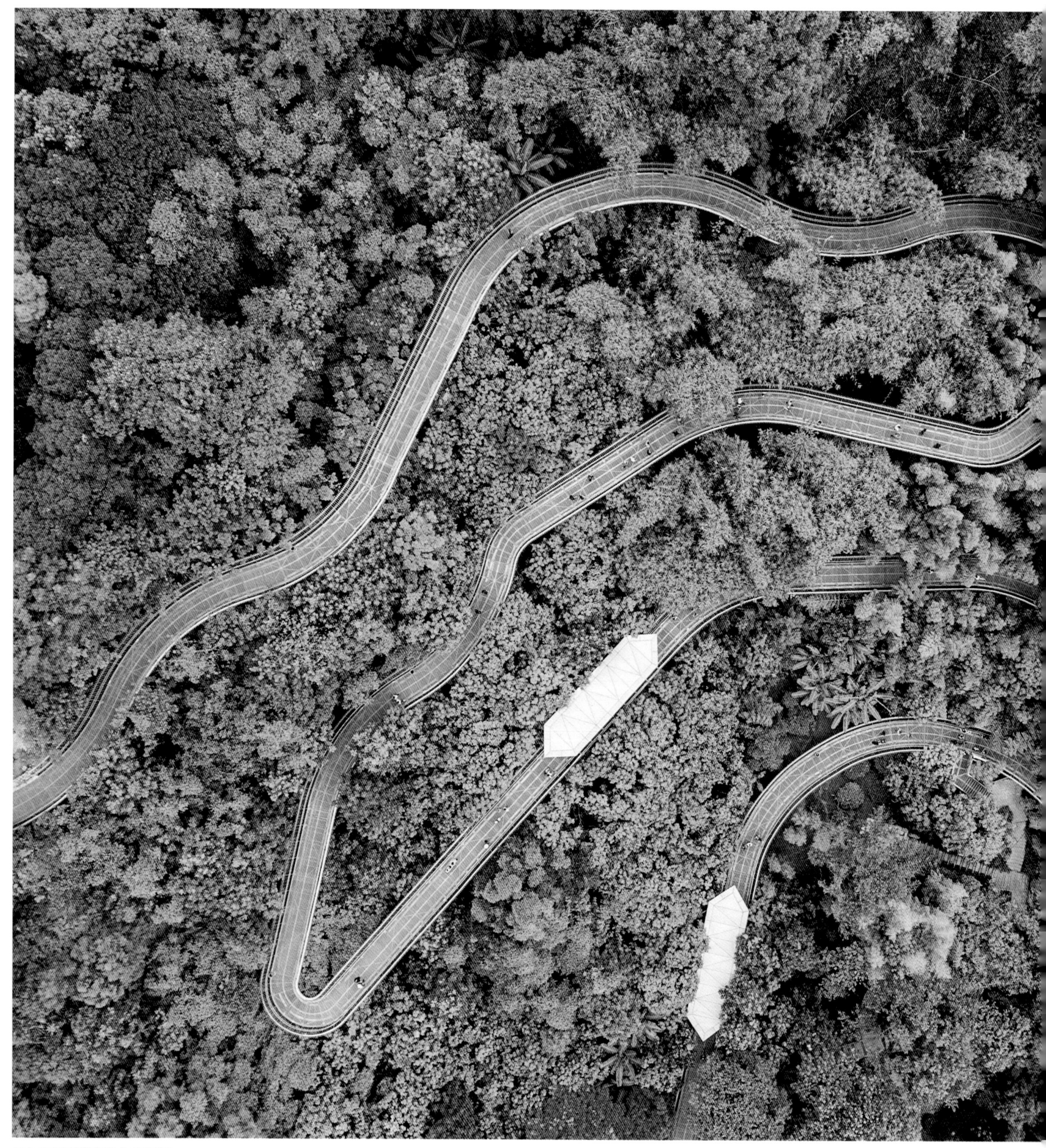

与山地密林微创共生的福道

低影响柔和照明

结构美学与多元化模块融合

斯里兰卡机场高速公路（CKE）工程

推荐单位
中国冶金科工集团有限公司

1 工程概况

斯里兰卡机场高速公路（CKE）工程是世界首条建造于泥炭土地基上的快速通道，被誉为斯里兰卡“国门第一路”，是“21世纪海上丝绸之路”桥头堡工程。

工程连接首都科伦坡至班达拉奈克国际机场，为斯里兰卡国家交通枢纽第一条城际快速路工程。路线主线长25.8km，采用双向四车道，设计速度100km/h。工程线路穿

全景——斯里兰卡机场高速公路KER互通

越沼泽、泥炭土地区，且泥炭土地基路段长13.7km、最深达20m。

工程突破了在泥炭土地基上建造高速公路的先例，提出了“安全、耐久、绿色”创新理念，首创了高速公路泥炭土地基处理、海砂填筑路基设计、施工的成套关键技术，实现了“节能环保、绿色建造”目标。

工程于2008年8月18日开工建设，2013年9月30日竣工，总投资28.86亿元。

2 科技创新与新技术应用

1. 首次探明了泥炭土的工程特性，系统揭示了泥炭土区别于其他软土的显著差异，提出了泥炭土压缩-剪切微观结构模型，阐明了泥炭土地基处理“排水压缩、置换增强”的共同作用机理。

2. 率先提出了泥炭土地区路基工后沉降控制标准：工后2年沉降量不超过154mm，工后3年沉降量不超过180mm，不均匀沉降不超过0.3%/6m，突破了中国、英国、澳大利亚控制标准值。

3. 基于动态设计理念，首次提出了泥炭土复合地基-超载预压综合处理方法，确立了泥炭土地基处理深度与加载速率、变形速率的限定关系，发明了深厚泥炭土地基处理成套技术，解决了泥炭土地基处理世界难题。通车以来，道路工后沉降小于20mm的点数占比90%以上。

斯里兰卡机场高速公路k8+600互通

4 发明了海砂填筑高速公路路基的设计方法，研发了“洒水饱和+分级静压”海砂路基施工方法，解决了多雨地区填土筑路的难题。

5 首创了高填方路基轻质砌块拉筋挡土墙设计、施工技术，解决了软土地基路基不均匀沉降、纵向裂缝通病。

6 采用中国标准设计、施工和验收，率先实现中国标准“走出去”，是国家市场监督局中国标准海外应用示范工程，参编了斯里兰卡公路部行业标准3部，助力斯里兰卡标准体系建设。

斯里兰卡机场高速公路k0起点凯拉尼大桥

斯里兰卡机场高速公路k5穿越泥炭土沼泽地全景

斯里兰卡机场高速公路路面图片

斯里兰卡机场高速公路泥炭土地基路基图片

斯里兰卡机场高速公路KER互通夜景

广州市资源热力电厂项目（第三、第四、第五、第六资源热力电厂）

推荐单位
中国土木工程学会市政工程分会

1 工程概况

为破解垃圾围城困局，广州环保投资集团有限公司2013年启动广州市“攻城拔寨”重点项目——广州市资源热力电厂建设，总投资70.1亿元，总占地3234亩，建筑面积27.54万m^2。

项目年处理生活垃圾511万t，年发电上网20亿kWh，满足200万户家庭一年用电需求，节省25万t标准煤，减少358万t碳排放。项目去工业化，打造环保主题公园、国家级环保

全景

教育基地，厂区与自然环境和谐相融，化邻避为邻利，成为国家3A级旅游景区。

垃圾发电、炉渣资源化利用、污水零排放、飞灰无害化处置，形成绿色低碳循环经济产业模式，经济效益显著，对深化和推动城市可持续发展有重大示范意义，为打造国际一流湾区贡献出垃圾处理的“广州经验”，推动实现“碳达峰、碳中和”。

工程总计获得科学技术奖17项，建设工程奖30项，自主知识产权153件（其中发明专利23件），形成标准8项，发表核心期刊等论文20篇，省级工法10项。整体建设两项科技成果达到国际先进水平。

工程于2013年7月开工建设，2020年3月竣工验收，总投资70.1亿元。

2 科技创新与新技术应用

1. 烟气设备工艺：世界首创双脱酸双脱硝烟气处理工艺应用于垃圾焚烧电厂，排放指标优于全球当前最高标准，处理后二噁英含量低于仪表检测极限，奠定国内超大城市烟气超净排放工艺标准，此后国内超大城市新建垃圾焚烧电厂100%均采用此相同技术路线。

2. 炉排设备：自主创新研发、设计、制造适应国内垃圾特性的高落差多级顺推往复式机械炉排，打破国外垃圾焚烧技术垄断。

   通过无后拱炉膛结构和自动燃烧控制，实现垃圾高效充分燃烧，减少二噁英产生，设备热效率高达98%，垃圾处理效率高，平均吨垃圾发电量523kWh以上。性能、效率、稳定性及生产运营经济性优于国外同类产品。

   垃圾焚烧炉设备已推广销售47套应用于国内13座垃圾焚烧电厂项目，日处理规模达3.6万t，实现销售收入10.42亿元，设备成本下降约45.76%，节省8.7亿元设备投资，预计5年内将实现垃圾电厂综合收益（含垃圾焚烧电费及垃圾处理费）超400亿元。

3. 国内首例建于60m高填方边坡最大垃圾发电厂，挖填土600万m^3，综合采用桩板式挡墙、锚定桩、连接索加固支挡技术解决高填方边坡施工难题。超高单层大型钢网架、高耸筒体钢内筒倒装提升技术，解决锅炉等大型设备与单层60m高、120m跨度钢网架同期安装、130m烟囱高耸构筑物筒体施工等难题。整体施工技术达到国际先进水平。

广州市第三资源热力电厂

广州市第六资源热力电厂

广州市第四资源热力电厂

广州市第五资源热力电厂

成都『金沙公交枢纽综合体』产业融合TOP创新试点项目

推荐单位
中国土木工程学会城市公共交通分会

1 工程概况

金沙公交枢纽综合体作为成都BRT车辆的调度中心，集快速公交BRT、常规公交、地铁轨道交通为一体，实现公交换乘与多元功能交互，引入公交上盖物业综合体理念，实现功能聚合、土地集约，总建筑面积约25万m^2。

金沙公交枢纽综合体建设项目位于成都市中心城区，由停车楼、综合楼、匝道桥三部分组成。停车楼地上6层，地面1～3层为常规公交车停车场，4～6层为BRT停车场，总共

全景

可容纳约400辆公交车停放，是西部最大的公交综合枢纽站。综合楼建筑面积约9万m^2，地上23层，包含公交调度中心、中国成都人力资源服务产业园等，建筑总高度为110m。匝道桥接驳30.5km二环BRT环线，辐射5条BRT放射干线。

工程于2013年10月开工建设，2018年3月竣工，总投资23.77亿元。

2 科技创新与新技术应用

1. 成都BRT是国内首例环状高架闭合快速公交系统，成都金沙公交枢纽站、二环高架和2.5环地铁7号线构成了国内外首个“一站双环”交通系统。

2. 全国最大的城市快速公交综合枢纽站，首个5G智慧公交枢纽综合体，集快速公交、常规公交、地铁轨道交通三大交通体系为一体，形成快、干、支、微、特多级线网服务，通过开放式线网配置、通勤大站快线网络设计、微循环接驳网络优化等手段，实现公交与轨道互补协作、一体衔接，候车时间减少人均3min/次。

3. 实现开发模式创新，变传统单层为多层立体场站，高架⇔地面⇔地铁空间立体布局，土地利用率提高6倍，破解公交场站用地不足难题；创新引入“公交产业融合综合体”理念，推进公交干线向支微线网蔓延，并带动沿线经济，提升沿线产业价值。

4. 全国装机容量最大的汽车充电楼，充电量1825万kWh/年，应用国内首创下压式充电弓，720kW大功率供电，5～10min充满一辆纯电动公交车，服务360台公交车充电，助力燃气公交向新能源公交转型，实现公交车零碳排放，首创智能充电网建设规划决策管理系统，助力城市级公交快充站网拓建。

5. 二环BRT实行专用路权，公交车速提升122%至30km/h，有效缓解城市拥堵，提高道路安全性，运营以来快速公交道内零事故。更多市民优选公交出行，公交客流提升41.6%。

停车楼

停车楼

BRT车站

BRT专用匝道

综合楼

沿线绿化

港华金坛盐穴储气库项目

推荐单位
中国土木工程学会燃气分会

1 工程概况

该项目是国内第一个由城市燃气企业为主体，规划、投资、建设和运营管理的天然气大型地下储气设施，与近年国家力推的天然气产供储销政策高度契合，极具规划前瞻性。

该项目位于江苏省常州市金坛区，建设内容包括注采站1座、井场3座、储气井3口、超高压管线13.3km，至今已稳定供应天然气近2亿m^3。

港华储气库航拍图

该项目是国内首个与国家管网“西气东输”“川气东送”两大输气动脉实现互联互通的城镇燃气储气库，既满足了城镇燃气季节调峰保供的需求，又对国家管网气量平衡发挥了积极作用，具有良好的示范意义和引领作用。

工程于2014年11月开工建设，2018年1月竣工，总投资5.36亿元。

2 科技创新与新技术应用

1. 促进盐穴储气库科技创新，推动形成行业标准规范。该项目有4项技术通过中国轻工业联合会科技成果鉴定，属国内领先，达到国际先进水平。分别是层状岩盐储气库井“S”形井眼轨道设计和单井场多井集约化丛式定向钻井特色技术、焊接套管完井井身结构、封堵老井钻新井技术及两管方式造腔技术，解决了井筒气密封难、造腔效率低等多项技术难题，节约土地资源约30%、节约设备投资约50%，造腔能耗降低约20%，老腔改造施工成本降低约25%、施工周期缩短70%，形成了适应于我国层状岩盐的钻井工程核心技术，引领了盐穴储气库钻井技术的发展。

2. 国内首次提出储气库“注、储、采、输系统完整性管理”理念，形成了《储气库完整性管理技术指引》，采用了相应的测腔手段与风险评价技术，为盐穴储气库的全生命周期管理提供技术保障。

3. 同比沿海液化天然气接收站储罐的储气方式，该项目储气库容单位容积投资节省了约70%，具有显著的经济效益。此外，该项目天然气储存在地下1000m以下，安全性高且显著节约地表土地资源，具有较好的推广价值。

4. 该项目应用先进的规划设计理念和科学的管理模式，多项技术经济指标处于国内领先水平。获得了省部级科技奖项6项，授权专 利26项（其中发明专利9项）、软件著作权4项，形成相关标准及规范 12项，总结论文40余篇。在国内同类项目中处于领先水平。

储气库注采站工艺区全貌

储气库注采站阀组区

储气库井场

南京丁家庄二期A28地块保障性住房

推荐单位

中国土木工程学会住宅工程指导工作委员会

1 工程概况

项目位于南京市栖霞区迈皋桥地块，北临奋斗路，南靠青山路，东临燕新路，西靠自强路。项目为租赁型保障性住房，用地性质为商住混合用地，占地面积：2.27万m^2，总建筑面积：9.41万m^2，容积率为3.48，建筑密度33%，绿地率22%，总户数为918户，全部为标准化套型，套型建筑面积55m^2。工程1～3层为商业用房，4层以上为公共租赁住房。

全景

本项目以高品质设计、高质量建造为目标，贯彻新时期国家“低碳”“绿色”“宜居”理念，在设计和建设中体现以人民为中心的发展思想，以科技创新促进设计品质和工程质量提升，建立了具有江苏特色和引领保障房建设领域的关键技术，全面提升保障性住房性能和品质。工程于2015年7月开工建设，2018年6月竣工，总投资7.8亿元。

2 科技创新与新技术应用

1 项目以开放式社区为理念，采用商业内街模式，融合商业、社区服务、教育培训等多种功能，形成商住融合、生活便利、交通便捷的开放式共享宜居社区。

2 套型采用标准化模块以及大开间主体结构，结合装配化装修实现小套型住宅、适老型住宅、创业式办公等多功能可变，满足租赁住房全生命期功能可变需求。

3 项目将绿色建筑技术与装配式建筑技术深度融合，采用高性能复合夹心保温围护结构、与建筑一体化阳台壁挂太阳能热水系统等技术，成为2019版《绿色建筑评价标准》首批三星级项目。

4 项目从主体结构、内外围护结构到室内装修全面系统性地应用装配式技术，在江苏省首次大规模采用复合夹心保温外墙系统，集承重、围护、装饰、保温、防水、防火于一体，从根本上解决外保温易失火、易脱落难题。

5 项目采用低位灌浆、高位补浆的剪力墙套筒施工技术、高精度铝模、全现浇空心混凝土外墙、优化插筋定位精度等技术，形成高质量、高效率绿色建造成套技术体系。

6 项目在江苏首次全面系统应用装配化装修技术，采用集成式厨房、卫生间和架空地板，实现管线与主体分离、干法施工、快速安装。

7 项目采用透水铺装、植被缓冲带、下凹式绿地、屋顶绿化、雨水调蓄回用池等海绵城市技术，年径流总量控制率达76%，实现了全透水住区。

装配式外墙及富有韵律感的立面

与建筑一体化阳台壁挂式太阳能热水系统

商住融合的共享社区

装配化装修全面应用

装配式集成式厨房细部

珠海翠湖香山国际花园地块五（一期、二期）

推荐单位
中国土木工程学会住宅工程指导工作委员会

1 工程概况

项目置身珠海市唐家湾镇万亩凤凰山麓，南侧毗邻中国最具影响力的十佳球场之一的翠湖高尔夫球场，具有得天独厚的“依山傍水连球场”景观。

项目用地面积6.53公顷，建设12栋28～36层高层住宅及

全景

3栋园区会所，总建筑面积28.1万m^2，其中住宅18.9万m^2，容积率3.0，建筑密度18.8%，总户数1586户。

项目于2014年9月开工，2018年5月竣工，总投资约15.4亿元。

2 科技创新与新技术应用

1 宜居规划新体验

项目建设贯穿“景观渗透、和谐人居、智慧住宅”的理念，坚持最大限度保护环境原则，以山景和果岭景观渗透为核心，打造自然中生长的建筑。采用重力挡土墙与格构梁锚索加固周边山体，按照能够抵御百年一遇强降水的防洪标准防洪调蓄。

采用一轴三组团的规划布局，南北向设置景观中轴，自由错落布置底层架空、与风雨连廊相连的12栋高层住宅，形成围合而交融的三大组团花园。人车分流，并设置地上地下双大堂。

项目绿地率达45%，精选150种绿植并保留6棵南洋楹古树，营造出南国疏林草地景观效果。3个下沉花园在丰富地下空间通风与采光的同时将绿色延伸至地下。

2 住区配套新生活

项目内设三大会所，有藏书达一万余册的图书馆、健身房、多媒体教室、购物、洗衣、餐饮等便捷生活服务设施，满足业主从生活到精神的需求。设置1.2万m^2以中央泳池为核心的景观中庭、儿童活动乐园、老人健身步道、篮球羽毛球等场地，结合架空层设置全年龄段健身休闲活动设施，满足不同人群户外活动需求。

3 科技赋能新服务

住宅套型：10种全明套型，室内装修采用工业化部品，套餐式精装修交付；住宅管线和主体分离，更换维护便利，实现主体结构长寿命化；采用被动式新风、高效节能外窗等技术，实现节能减排。

科技护老：户内各房间配备紧急求助按钮，一键直呼物业中心；用AI代替人眼，提供老人居家生活智慧监控。

智慧住区：公共区域Wi-Fi全覆盖，丰富居住生活；智慧安防实现周界和园区监控、巡更、可视化对讲及门禁的全局串联；翠湖生活APP实现一键式物业生活服务；采用积分兑换商品的智能垃圾分类系统助力低碳生活。

玉兰汇 · 物业服务会所

项目俯视图

客厅精装修

卧室精装修

生活里 · 香山书院

生活里 · 休闲水吧

中央泳池景观区

高尔夫观景面休闲区

儿童游乐休闲区

健身步道休闲区

中央草坪景观区

组团花园景观区